U0364100

茶经·续茶经

〔唐〕陆羽 〔清〕陆廷灿／著
文若愚／编译

中國華僑出版社
北京

图书在版编目(CIP)数据

茶经 /(唐)陆羽著;文若愚编译 . 续茶经 /(清)陆廷灿著;文若愚编译 .— 北京:中国华侨出版社,2018.3

ISBN 978-7-5113-7397-7

Ⅰ . ①茶… ②续… Ⅱ . ①陆… ②陆… ③文… Ⅲ . ①茶文化—中国—古代 Ⅳ . ① TS971.21

中国版本图书馆 CIP 数据核字(2018)第 018644 号

茶经 · 续茶经

著　　者 /〔唐〕陆羽　〔清〕陆廷灿
编　　译 / 文若愚
出 版 人 / 刘凤珍
责任编辑 / 子　慕
封面设计 / 李艾红
文字编辑 / 朱立春
美术编辑 / 盛小云
经　　销 / 新华书店
开　　本 / 880mm × 1230mm　1/32　印张:10　字数:198 千字
印　　刷 / 三河市嘉科万达彩色印刷有限公司
版　　次 / 2018 年 5 月第 1 版　　2018 年 5 月第 1 次印刷
书　　号 / ISBN 978-7-5113-7397-7
定　　价 / 38.00 元

中国华侨出版社　北京市朝阳区静安里 26 号通成达大厦 3 层　邮编:100028
法律顾问:陈鹰律师事务所
发 行 部:(010)64443051　　传　　真:(010)64439708
网　　址:www.oveaschin.com　　E-mail:oveaschin@sina.com

前言
PREFACE

中华茶文化源远流长，在浩如烟海的古代文化典籍中，不但有专门论茶的书，史籍、笔记、杂考、小说等里面，也有大量关于茶事、茶史、茶法及茶叶生产技术的内容。其中陆羽的《茶经》和陆廷灿的《续茶经》，是关于茶的历史、源流、生产技术以及饮茶技艺、茶道等最著名的综合性论著。

陆羽（733–804），唐复州竟陵人。一名疾，字鸿渐，自称桑苎翁，又号东冈子。陆羽自幼好学，性淡泊。“安史之乱”后，他潜心于茶的研究，在各大茶区观察茶叶的生长规律、茶农对茶叶的加工，进一步分析了茶叶的品质优劣，在学习总结民间烹茶方法的基础上总结出一套规律，并留心于民间茶具和茶器的制作。后撰成《茶经》一书，对我国茶业和茶文化的发展繁荣起了积极的推动作用。后人为了纪念陆羽在茶业上的功绩，祀他为“茶神”或“茶圣”。

《茶经》是中国乃至世界最完整介绍茶的第一部专著，包括茶的本源、制茶器具、茶的采制、煮茶方法、历代茶事、茶叶产地等十章。其内容丰富、翔实，使茶叶生产从此有了比较完整的科学依据，并将普通茶事升格为一种美妙的文化艺能。

陆廷灿，字秩昭，自号幔亭，清代江苏嘉定人，年轻时就有“穷则独善其身，达则兼济天下”的胸怀，好古博雅。曾官崇安知县、候补主事。因在茶区为官，长于茶事，采茶、蒸茶、试汤、候火等皆颇得其道。陆廷灿一生撰有《续茶经》三卷、《艺菊志》八卷、《南村随笔》六卷等，并因编定了《续茶经》而被世人称为“茶仙”。

《续茶经》的目录完全与《茶经》相同，即分为茶之源、茶之具、茶之造等十个门类。但自唐至清，历时数百年，产茶之地、制茶之法以及烹煮器具等都发生了巨大的变化，而此书对唐之后的茶事资料收罗宏富，并进行了考辨，虽名为“续”，实是一部完全独立的著述。

本书将《茶经》《续茶经》合编，除了因为两者都是茶艺专著而且书名有传承关系之外，更因为它们都具有深层的文化内涵，基本上将唐代之前和清代之前国人对于茶的理解和茶道的演变囊括其中，是非常值得一读的国学经典。全书配以200余幅精美彩图，《茶经》附精彩的注释及译文，既图文并茂，又古色古香，实用性和艺术性兼具。

目录

CONTENTS

《茶经》

《续茶经》

《茶经》

《茶经》是中国乃至世界现存最早、最完整介绍茶的第一部专著，唐代陆羽著。《茶经》使茶叶生产从此有了比较系统的科学依据，并将普通茶事升格为一种美妙的文化艺能，为历代人所推崇。陆羽也因此而被后人尊为“茶神”“茶圣”。

一、茶之源

【原文】

茶者，南方之嘉木也。一尺、二尺乃至数十尺。其巴山、峡川，有两人合抱者，伐而掇之[①]。其树如瓜芦，叶如栀子，花如白蔷薇，实如栟榈[②]，蒂如丁香，根如胡桃。[瓜芦木，出广州，似茶，至苦涩。栟榈，蒲葵之属，其子似茶。胡桃与茶，根皆下孕，兆至瓦砾[③]，苗木上抽。]其字，或从草，或从木，或草木并。[从草，当作“茶”，其字出《开元文字音义》[④]；从木，当作“梌”，其字出《本草》。草木并，作“荼”，其字出《尔雅》。]其名，一曰茶，二曰槚[⑤]，三曰蔎[⑥]，四曰茗，五曰荈[⑦]。[周公云：“槚，苦荼。”杨执戟[⑧]云：“蜀西南人谓茶曰蔎。”郭弘农[⑨]云：“早取为茶，晚取为茗，或一曰荈耳。”]

其地，上者生烂石，中者生栎壤[栎字当从石为砾]，下者生黄土。凡艺而不实[⑩]，植而罕茂。法如种瓜，三岁可采。野者上，园者次。阳崖阴林，紫者上，绿者次；笋者上，牙者次；叶卷上，叶舒次⑪。阴山坡谷者，不堪采掇，性凝滞，结瘕疾⑫。

茶之为用，味至寒，为饮，最宜精行俭德之人。若热渴凝闷、脑疼目涩、四肢烦、百节不舒，聊四五啜，与醍醐、甘露⑬抗衡也。采不时，造不精，杂以卉莽⑭，饮之成疾。茶为累也，亦犹人参。上者生上党⑮，中者生百济、新罗⑯，下者生高丽⑰。有生泽州、易州、幽州、檀州者⑱，为药无效，况非此者！设服荠苨⑲，六疾不瘳⑳。知人参为累，则茶累尽矣。

【注释】

①伐而掇之：伐，砍下枝条。掇，采摘。②栟榈：棕榈树。栟，读音 bīng。③根皆下孕，兆至瓦砾：下孕，在地下滋生发育。兆，指核桃与茶树生长时根将土地撑裂，方始出土成长。④《开元文字音义》：字书名。唐开元二十三年（735）编辑的字书。早佚。⑤槚：读音 jiǎ。⑥蔎：读音 shè，本为香草名。⑦荈：读音 chuǎn。⑧杨执戟：即扬雄，西汉人，著有《方言》等书。⑨郭弘农：即郭璞。晋时人。注释过《方言》

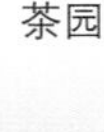

茶园

《尔雅》等字书。⑩艺而不实：指种植技术。⑪叶卷上，叶舒次：叶片呈卷状者质量好，舒展平直者质量差。⑫性凝滞，结瘕疾：凝滞，凝结不散。瘕，腹中痞块。《正字通》："腹中积块，坚者曰症，有物形曰瘕。"⑬醍醐、甘露：皆为古人心中最美妙的供品。醍醐，酥酪上凝聚的油，味甘美。甘露，即露水，古人说它是"天之津液"。⑭卉莽：野草。⑮上党：唐时郡名，治所在今山西长治市长子、潞城一带。⑯百济、新罗：唐时位于朝鲜半岛上的两个小国，百济在半岛西南部，新罗在半岛东南部。⑰高丽：唐时周边小国之一，我国习惯上多沿用指朝鲜。⑱泽州、易州、幽州、檀州：皆为唐时州名。治所分别在今山西晋城、河北易县、蓟县、北京市密云区一带。⑲荠苨：一种形似人参的野果。苨，读音 nǐ。⑳六疾不瘳：六疾，指人遇阴、阳、风、雨、晦、明六气而生的多种疾病。瘳，痊愈。

【译文】

茶树是我国南方种植的一种优良植物。树有一尺、两尺甚至几十尺高。在川东、鄂西地区一带，最粗的茶树需两人合抱，只有先砍下枝条后才能采摘茶叶。茶树的形状如同瓜芦木，树叶如同栀子，花如同白蔷薇，种子类似于棕榈树的种子，花蒂像丁香，根类似于胡桃树的根。[瓜芦木，生长在广东，和茶树相似，但味道苦涩。棕榈，属于蒲葵类，它的籽类似于茶籽。核桃和茶树，根都在地下滋长发育，把土壤撑裂，钻出地面生长。]"茶"字从部首上看，或从属于"草"部，或从属于"木"部，或者"草""木"并从。[从草，写作"茶"，这个字出于《开元文字音义》一书。从木，写作"㮊"，出于唐《新修本草》，草、木并从，写作“荼”，出于《尔雅》。]茶的名称，第一叫茶，第二叫槚，第三叫蔎，第四叫茗，第五叫荈。[周公所著的《尔雅·释木篇》中说：“槚，就是苦荼。”扬雄的《方言》中说：“四川西南部的人把茶叫作蔎。”郭璞的《尔雅注》中说：“早采的叫荼，晚采的叫茗或者叫荈。”]

茶树生长的土地，以长在乱石缝隙间的品种最好，其次是长在沙石砾壤里[“栎”应当从石写作“砾”]，品质最差的生长于黄土中。凡是种植技术不扎实的，就算种植了也不会长得茂盛。种茶倘若能像种瓜那样精心照顾，三年就可以采摘茶叶。生长在山林野外的茶叶品质比较好，园林栽培的品质比较差。生长在向阳山坡而且有树木遮阴的茶树，芽叶呈现出紫色的品质比较好，呈绿色的则比较差；芽叶如同春笋似的品质较好，芽叶短小，外形如牙的品质较差；芽叶成卷状的品质较好，芽叶舒展平直的品质较差。背阴山谷里生长的茶树，就不能采摘茶叶，因为它有太重

元・赵原 陆羽烹茶图（局部）

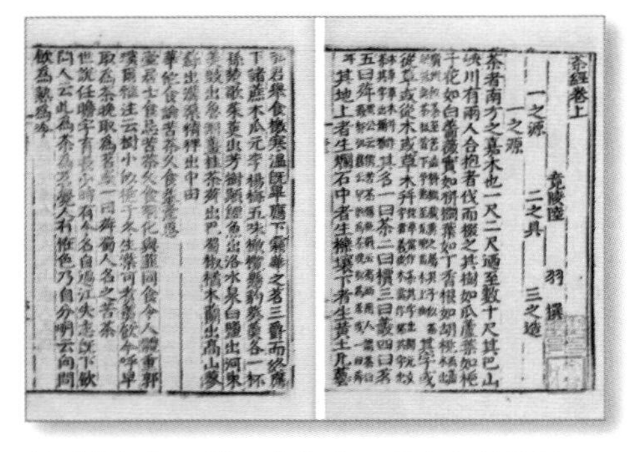
茶經卷上
竟陵陸羽撰
一之源 二之具 三之造
一之源
茶者南方之嘉木也一尺二尺迺至數十尺其巴山
峽川有兩人合抱者伐而掇之其樹如瓜蘆葉如梔
子花如白薔薇實如栟櫚葉如丁香根如胡桃

从《茶经》开始，茶文化呈现出全新的局面，它是唐代茶文化形成的标志。

的寒性，喝了会凝聚滞留在腹内，使人患腹中长痞块的疾病。

茶的用途，因为它品性寒，最适合人们做饮料。品行优良、德性俭朴的人最爱饮它。如果有人感觉干热口渴、心胸郁闷、头疼脑痛、眼睛干涩、四肢烦乱、全身骨节不舒服，只要喝上四五口茶，就好像醍醐灌顶、喝了甘露一样清爽甜美。但假如采的时节不对，制造又不精细，而且还掺杂了野草，喝了就会生病。饮茶也会喝出毛病，就像人们吃人参也会受害一样。品质最好的人参出产于上党，品质中等的出产于百济、新罗，品质差的出产于高丽。而泽州、易州、幽州、檀州出产的人参，就没有什么疗效，更何况用不是人参的冒牌货来冒充真的人参呢！假如把用荠苨假冒的人参喝了，那么人就有可能得多种疾病。知道了人参有时也会对人体有害处这个道理后，那么茶叶使人体受害的道理也就完全清楚了。

二、茶之具

【原文】

籯①：一曰篮，一曰笼，一曰筥②。以竹织之，受五升，或一斗、二斗、三斗者，茶人负以采茶也。[籯，音盈，《汉书》所谓“黄金满籯，不如一经③。”颜师古④云：“籯，竹器也，受四升耳。”]

灶：无用突者⑤。

釜：用唇口者。

甑⑥：或木或瓦，匪腰而泥。篮以箅之，篾以系之⑦。始其蒸也，入乎箅；既其熟也，出乎箅。釜涸，注于甑中[甑，不带而泥之]，又以榖木枝三亚者制之[亚字当作桠，木桠枝也]，散所蒸牙笋并叶，畏流其膏。

籯

灶、釜、甑

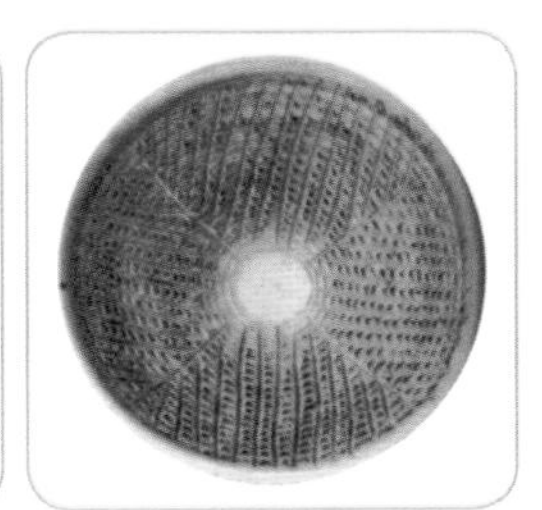

茶臼

杵臼：一曰碓，惟恒用者为佳。

规：一曰模，一曰棬。以铁制之，或圆，或方，或花。

承：一曰台，一曰砧。以石为之。不然，以槐、桑木半埋土中，遣无所摇动。

襜[8]：一曰衣。以油绢或雨衫、单服败者为之。以襜置承上，又以规置襜上，以造茶也。茶成，举而易之。

芘莉［音，杷离］[9]：一曰籯子，一曰篣筤[10]。以二小竹，长三尺，躯二尺五寸，柄五寸。以篾织方眼，如圃人土箩，阔二尺，以列茶也。

棨[11]：一曰锥刀。柄以坚木为之。用穿茶也。

扑：一曰鞭。以竹为之。穿茶以解茶也。

焙：凿地深二尺，阔二尺五寸，长一丈。上作短墙，高二尺，泥之。

贯：削竹为之，长二尺五寸。以贯茶焙之。

棚：一曰栈。以木构于焙上，编木两层，高一尺，以焙茶也。茶之半干，升下棚；全干，升上棚。

穿：江东、淮南剖竹为之；巴川、峡山，纫穀皮为之。江东以一斤为上穿，半斤为中穿，四两、五两为小穿。峡中以一百二十斤为上穿，八十斤为中穿，五十斤为小穿。字旧作钗钏之"钏"字，或作贯"串"。今则不然，如"磨、扇、弹、钻、缝"五字，文以平声书之，义以去声呼之，其字以"穿"名之。

育：以木制之，以竹编之，以纸糊之。中有隔，上有覆，下有床，旁有门，掩一扇。中置一器，贮煻煨火，令煴煴然⑫。江南梅雨时，焚之以火。[育者，以其藏养为名。]

【注释】

①籯：读音yíng。竹制的箱子、笼子、篮子等用来盛放物品的器具。②筥：读音jǔ。圆形的盛物竹器。③黄金满籯，不如一经：语出《汉书·韦贤传》。说的是留给儿孙满箱黄金，不如留给他们一本经书。④颜师古：名籀。唐初经学家，曾注《汉书》。⑤无用突者：突，烟囱。成语有"曲突徙薪"。⑥甑：读音zèng。古代用来蒸食物的炊器。即今蒸笼。⑦篮以箅之，篾以系之：箅，读音bì。蒸笼中的竹屉。篾，读音miè。长条细薄竹片，在此处是指从甑中取出箅的提耳。⑧襜：读音chān。系在衣服前面的围裙。⑨芘莉：芘，读音bì。芘莉，

竹制的盘子类器具。⑩ 筹筤：读音 páng láng。笼子、盘子一类的盛物器具。⑪ 棨：读音 qǐ。穿茶饼时用的锥刀。⑫ 令煴煴然：煴，读音 yūn。没有火焰的火。煴煴然，火光微弱的样子。

【译文】

籝：有人称为篮子，有人称为笼子，有人称为筥。是用竹篾编织而成的，通常可以盛放五升茶叶，还有盛放一斗、二斗、三斗的，是采茶人背在背上盛放茶叶的。[籝，音盈，《汉书》所说的“黄金满籝，不如一经”的“籝”。颜师古说：“籝，是竹编器具，可盛四升。”]

灶：不使用烟囱的。

釜：要使用边缘向外翻，如同口唇形状的锅。

甑：有木制或陶制的。不要使用细腰形状的，缘口和锅接缝的地方要用泥封严。竹箅是篮子形状，两边的提耳用竹篾系牢。开始蒸茶时，把鲜茶叶放到箅上；等到蒸熟了，再从箅上拿出。锅中的水倘若干了，可从甑口加些水 [甑，不要细腰的像系了腰带的那种，接缝处一定用泥封严]，再把有三个枝桠的木棍削制成

规、承

芘莉

焙、贯、棚

搅拌器［亚字应是“椏”，就是树木的枝椏］，把蒸好的茶芽、茶笋、茶叶抖匀松散放置，以免流失茶汁。

杵臼：又叫作碓，以长期使用的为好。

规：又叫作模，或者叫作棬。用铁制造而成，有圆形、方形、花形三种。

承：又叫作台，或者叫作砧。用石头制造而成，可以用槐木、桑木深埋一半在地下，为了在拍茶饼时不至于摇晃。

襜：又叫作衣。用油布或雨衫、单衣剪成一片就制成了。把襜布铺在砧板上，再把模放到襜布上，然后拍打即可制成茶饼。茶饼拍成后，取出茶饼和襜布，再拍打时另外换一块。

芘莉：又称为籯子，或叫篣筤。用两只小竹片，各长三尺，其中竹身长二尺五寸，手柄长五寸。竹身上用竹篾织成方眼格子，就像农民用的箩，宽度为二尺，是用来摆放茶饼的。

棨：又叫作锥刀。把柄是用坚硬的木棒制作而成，是用来穿茶饼孔眼的。

扑：又叫作鞭。用竹子制作而成，是用来串联茶饼并送到焙炉上的用具。

焙：在地面上挖一个深二尺、宽二尺五寸、长一丈的坑，坑

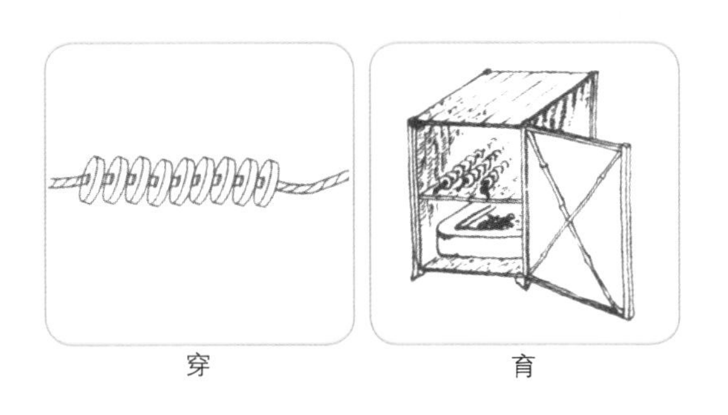

穿　　育

四周筑低墙，高二尺，用泥抹平。

贯：用竹子削制而成。长二尺五寸，是串上茶饼以供焙烤之用。

棚：又称为栈。用木料制作而成放在焙窑上的架子，分为两层，高一尺，用来焙制茶饼。茶饼焙到半干时，由下层挪到上层；全部焙干后，依次从上层取下。

穿：江东、淮南一带的人用竹篾制作而成，巴山、峡川一带的人用穀皮搓制而成。江东一带，把重量一斤的茶饼串成大穿，半斤重的茶饼串成中穿，四两或五两重的茶饼串成小穿。三峡一带，把一百二十斤的茶饼串叫大穿，八十斤的茶饼串叫中穿，五十斤的茶饼串叫小穿。“穿”字，过去曾经写成钗钏的“钏”字，或者写成贯串的“串”字。如今不这样写，就像“磨、扇、弹、钻、缝”五个字，书面上的字形读平声，如果按着另一意思用，则又读去声。所以就用“穿”字来称呼这种扎成串的茶饼。

育：用木头制成的架子，四周用竹篾编成竹壁，竹壁用纸裱糊，里面有隔间，上面有盖，下面有床，两旁有门，其中一扇门关闭。在中间放置一个盛火器，蓄积着细小的火灰让它们略微地燃烧。到江南梅雨季节时则用火烘干茶饼。[这温室之所以叫作育，就是因为它可以收藏和养育茶饼。]

三、茶之造

【原文】

凡采茶，在二月、三月、四月之间。茶之笋者，生烂石沃土，长四五寸，若薇、蕨始抽，凌露采焉①。茶之牙者，发于丛薄之上②，有三枝、四枝、五枝者，选其中枝颖拔者采焉。其日，有雨不采，晴有云不采。晴，采之，蒸之，捣之，拍之，焙之，穿之，封之，茶之干矣。

茶有千万状，卤莽而言，如胡人靴者，蹙缩然［京锥文也③］；犎牛臆者，廉襜然④［犎，音朋，野牛也］；浮云出山者，轮囷然⑤；轻飙拂水者，涵澹然。有如陶家之子，罗膏土以水澄泚之［谓澄泥也］；又如新治地者，遇暴雨流潦之所经；此皆茶之精腴。有如竹箨⑥者，枝干坚实，艰于蒸捣，故其形籭簁然⑦［上离下师］；有如霜荷者，茎叶凋沮，易其状貌，故厥状委悴然。此皆茶之

新采的茶叶

瘠老者也。

自采至于封，七经目。自胡靴至于霜荷，八等。或以光黑平正言嘉者，斯鉴之下也。以皱黄坳垤[8]言佳者，鉴之次也。若皆言嘉及皆言不嘉者，鉴之上也。何者？出膏者光，含膏者皱，宿制者则黑，日成者则黄；蒸压则平正，纵之则坳垤。此茶与草木叶一也。茶之否臧[9]，存于口诀。

【注释】

①若薇、蕨始抽，凌露采焉：薇、蕨，都是野菜。凌，带着。②丛薄：指有灌木、杂草丛生的地方。《汉书注》："灌木曰丛。"扬雄《甘草赋注》："草丛生曰薄。"③京锥文也：京，高大。锥，刀锥。文，同"纹"。全句意为：大钻子刻钻而成的花纹。④臆者，廉襜然：臆，指牛胸肩部位的肉。廉，边侧。襜，帷幕。全句意为：牛胸肩部位的肉，像侧边的帷幕。⑤轮囷然：轮，车轮。囷，圆顶的仓。意为：像车轮、圆仓那样卷曲盘曲。⑥竹箨：竹笋的外壳。箨，读音 tuò。⑦籭簁：两字意思相通，读音亦同：shāi。皆为竹器。《集韵》说就是竹筛。⑧坳垤：土地低下处叫作坳，小土堆叫作垤。形容茶饼表面的凸凹不平。⑨否臧：否，读音 pǐ，贬，非议。臧，褒奖。

【译文】

采摘茶叶，都是在每年农历二月、三月、四月间。茶芽嫩得像竹笋的，大都生长在山洼石隙的肥沃土壤中，等新芽条长到四五寸的时候，就像薇、蕨等野菜新发的嫩长细枝，这时要踏着

早晨的露水及时采摘。茶的嫩芽，通常都生长在灌木杂草丛生的茶丛里。抽出的嫩枝有三枝、四枝、五枝，应该选取其中主枝挺拔的采摘。下雨的时候不要采摘，多云间晴的天气也不要采摘。天气晴朗了，就采茶，蒸青，捣碎，拍压，焙干，串扎，包封，这样茶饼就完全制成干透的了。

茶饼千形万状。大致说，有的像胡人的靴子褶皱蹙缩［像用钻子钻刻的皱纹］；有的像野牛胸肩上突起的肉；有的像侧面墙壁上悬挂的帷帐；有的像浮云出山卷曲盘旋；有的如同清风吹拂的水面微波荡漾；有的如同陶工筛出的陶泥，用水澄清后，细润光滑［澄泚，就是用水把泥澄清］；有的像新开垦的土地，遇到大雨冲刷，形成了条条沟壑。这些都是优良丰厚的好茶的形状。有的茶如同竹笋的硬壳，枝干坚硬，很难蒸熟捣烂，好像破竹筛一样。还有的好像经霜打过的荷花，枝干和花朵都衰颓凋谢，改变了原来的形态，显得枯萎干黄。这些都是粗老质低的茶叶。

茶叶的制作，从采摘到封存，一共要经过七道流程。从茶饼的形态颜色看，从像胡人皮靴到好似霜打的荷花，茶叶大概共有八个等级。有人认为黑泽光亮、形体平整的茶饼品质好，这是不高明的鉴别品评；有人认为色泽黄褐、形体多皱的茶饼品质好，这是中等眼力的鉴别品评。如果对这两种茶饼，既能说出它的优点又能说出它的缺点，这才是鉴别品评茶叶的行家。为什么这样

古代制茶图轴

说呢？因为茶饼表面有茶汁浸润时颜色就光润；茶汁没有流出而含在茶饼里，表面就干缩起皱，制作时间久了、过了夜的茶饼颜色就黑，当天制成的茶饼颜色就黄；蒸得透、压得紧，茶饼就平整；不认真蒸压，茶饼就起皱凸凹不平。茶叶和其他草木叶子都是这种性质。所以鉴别品评茶叶的好坏，自有它行内的口诀，不能仅仅用“好”或“不好”来评论。

四、茶之器

【原文】

风炉［灰承］ 筥 炭挝 火筴 鍑 交床 夹 纸囊 碾［拂末］ 罗 合 则 水方 漉水囊 瓢 竹筴 鹾簋［揭］ 熟 盂 碗 畚 札 涤方 滓方 巾 具列 都篮

风炉［灰承］：风炉以铜、铁铸之，如古鼎形。厚三分，缘阔九分，令六分虚中，致其杇墁①。凡三足，古文书二十一字。一足云："坎上巽下离于中②"；一足云："体均五行去百疾"；一足云："圣唐灭胡明年铸③"。其三足之间，设三窗，底一窗以为通风漏烬之所。上并古文书六字：一窗之上书"伊公"二字；一窗之上书"羹陆"二字；一窗之上书"氏茶"二字。所谓"伊公羹，陆氏茶④"也。置𡼖𡸁⑤于其内，设三格：其一格有翟焉，翟者，火禽也，画一卦曰离；其一格有彪焉，彪者，风兽也，画一卦曰巽；其一格有鱼焉，鱼者，水虫也，

风炉

画一卦曰坎。巽主风，离主火，坎主水，风能兴火，火能熟水，故备其三卦焉。其饰，以连葩垂蔓、曲水方文之类。其炉，或锻铁为之，或运泥为之。其灰承作三足，铁柈[⑥]抬之。

筥：以竹织之，高一尺二寸，径阔七寸。或用藤，作木楦如筥形织之。六出圆眼。其底盖若莉箧[⑦]口，铄之。

炭挝：以铁六棱制之。长一尺，锐上、丰中、执细，头系一小辗，以饰挝也，若今之河陇军人木吾[⑧]也。或作槌，或作斧，随其便也。

火筴：一名筯，若常用者，圆直一尺三寸。顶平截，无葱薹句鏁[⑨]之属。以铁或熟铜制之。

鍑［音辅，或作釜，或作鬴］：以生铁为之。今人有业冶者，所谓急铁，其铁以耕刀之趄[⑩]炼而铸之。内模土而外模沙。土滑于内，易其摩涤；沙涩于外，吸其炎焰。方其耳，以正令也。广其缘，以务远

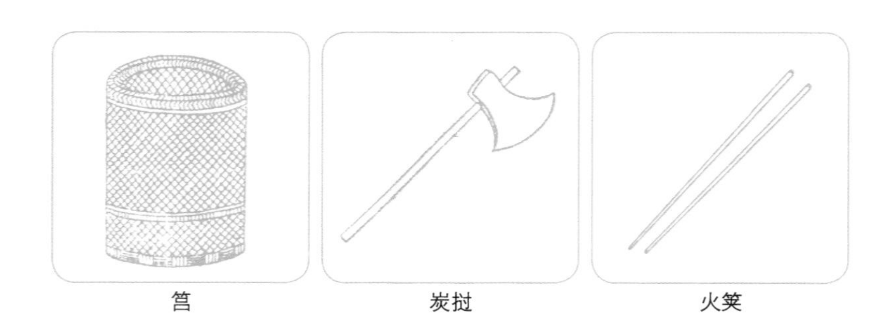

筥　　炭挝　　火筴

也。长其脐，以守中也。脐长，则沸中；沸中，则末易扬；末易扬，则其味淳也。洪州[11]以瓷为之，莱州[12]以石为之。瓷与石皆雅器也，性非坚实，难可持久。用银为之，至洁，但涉于侈丽。雅则雅矣，洁亦洁矣，若用之恒，而卒归于银也。

交床：以十字交之，剜中令虚，以支鍑也。

夹：以小青竹为之，长一尺二寸。令一寸有节，节以上剖之，以炙茶也。彼竹之筱[13]，津润于火，假其香洁以益茶味。恐非林谷间莫之致。或用精铁、熟铜之类，取其久也。

纸囊：以剡藤纸[14]白厚者夹缝之，以贮所炙茶，使不泄其香也。

碾［拂末］：以橘木为之，次以梨、桑、桐、柘为之。内圆而外方。内圆，备于运行也；外方，制其倾危也。内容堕而外无余。木堕，形如车轮，不辐而轴焉。长九寸，阔一寸七分。堕径三寸八分，

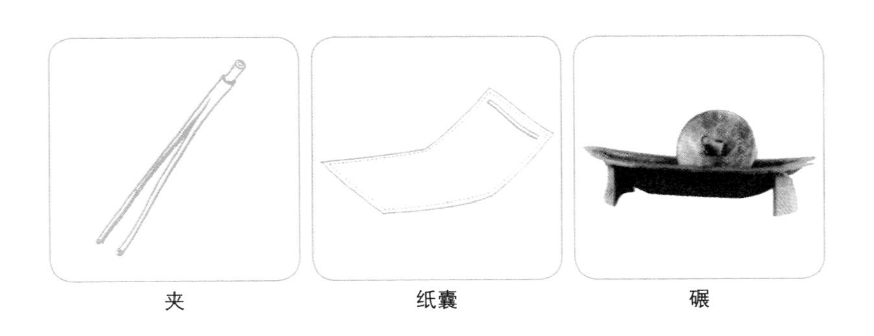

夹　纸囊　碾

中厚一寸，边厚半寸。轴中方而执圆。其拂末，以鸟羽制之。

罗、合：罗末以合盖贮之，以则置合中。用巨竹剖而屈之，以纱绢衣之。其合，以竹节为之，或屈杉以漆之。高三寸，盖一寸，底二寸，口径四寸。

则：以海贝、蛎蛤之属，或以铜、铁、竹匕[15]、策之类。则者，量也，准也，度也。凡煮水一升，用末方寸匕[16]，若好薄者减之，嗜浓者增之。故云则也。

水方：以椆木［音胄，木名也］、槐、楸、梓等合之，其里并外缝漆之。受一斗。

漉水囊[17]：若常用者。其格以生铜铸之，以备水湿，无有苔秽、腥涩之意。以熟铜，苔秽；铁，腥涩也。林栖谷隐者或用之竹木。木与竹非持久涉远之具，故用之生铜。其囊，织青竹以卷之，裁碧缣以缝之，纫翠钿以缀之，又作绿油囊以贮之。圆径五寸，柄一寸五分。

拂末　　则　　水方

瓢：一曰牺杓，剖瓠为之，或刊木为之。晋舍人杜毓[18]《荈赋》云："酌之以匏。"匏，瓢也，口阔，胫薄，柄短。永嘉中，余姚人虞洪入瀑布山采茗，遇一道士云："吾，丹丘子，祈子他日瓯牺之余，乞相遗也。"牺，木杓也。今常用以梨木为之。

竹筴：或以桃、柳、蒲葵木为之，或以柿心木为之。长一尺，银裹两头。

鹾簋[19][揭]：以瓷为之，圆径四寸，若合形。或瓶、或罍，贮盐花也。其揭，竹制，长四寸一分，阔九分。揭，策也。

熟盂：以贮熟水。或瓷，或沙。受二升。

碗：越州上，鼎州次、婺州次[20]，岳州次，寿州、洪州次。或者以邢州处越州上[21]，殊为不然。若邢瓷类银，越瓷类玉，邢不如越一也；若邢瓷类雪，则越瓷类冰，邢不如越二也；邢瓷白而茶色丹，越瓷青而茶色绿，邢不如越三也。晋杜毓《荈赋》所谓：

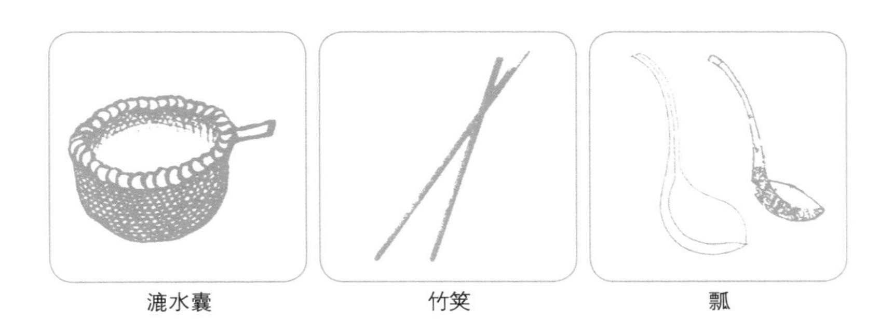

漉水囊　　竹筴　　瓢

“器择陶拣，出自东瓯。”瓯，越也。瓯，越州上，口唇不卷，底卷而浅，受半升以下。越州瓷、岳瓷皆青，青则益茶，茶作白红之色。邢州瓷白，茶色红；寿州瓷黄，茶色紫；洪州瓷褐，茶色黑，悉不宜茶。

畚[22]：以白蒲卷而编之，可贮碗十枚，或用筥。其纸帊，以剡纸夹缝，令方，亦十之也。

札：缉栟榈皮，以茱萸木夹而缚之，或截竹束而管之，若巨笔形。

涤方：以贮涤洗之余。用楸木合之，制如水方，受八升。

滓方：以集诸滓，制如涤方，受五升。

巾：以絁布[23]为之。长二尺，作二枚，互用之，以洁诸器。

具列：或作床，或作架。或纯木、纯竹而制之；或木或竹，黄黑可扃[24]而漆者。长三尺，阔二尺，高六寸。具列者，悉敛诸器物，悉以陈列也。

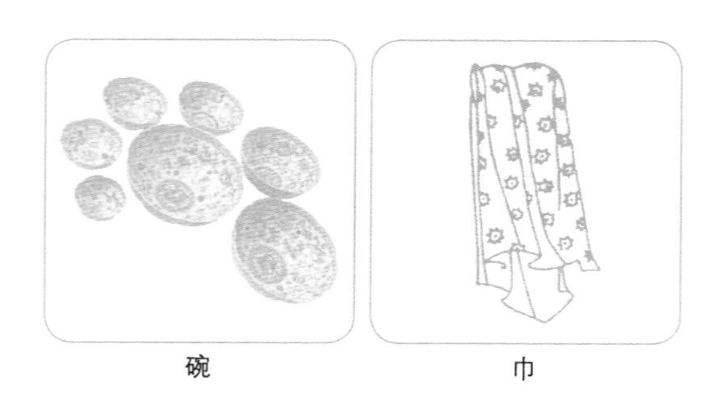

碗　　巾

都篮：以悉设诸器而名之，以竹篾，内作三角方眼，外以双篾阔者经之，以单篾纤者缚之，递压双经，作方眼，使玲珑。高一尺五寸，底阔一尺，高二寸，长二尺四寸，阔二尺。

【注释】

①杇墁：本意为涂墙用的工具。这里用来指涂泥。②坎上巽下离于中：坎、巽、离都是八卦的卦名。③圣唐灭胡明年铸：盛唐灭胡，指唐平息“安史之乱”，当时正值唐广德元年（763），这个鼎就铸于764年。④伊公羹，陆氏茶：伊公，指商汤时的大尹伊挚。相传他善于调配汤味，世称“伊公羹”。陆，即陆羽自己。“陆氏茶”，陆羽的茶具。⑤ 㟞嵲：读音dié niè。贮藏。⑥铁柈：柈，通“盘”，盘子。⑦莳筐：用小竹篾编成的长方形箱子。⑧木吾：木棒。⑨葱薹句鏁：薹，读音tái。葱的籽实，长在葱的顶部，呈圆珠形。句，通“勾”，弯曲形。鏁，即“锁”。⑩耕刀之趄：耕刀，即锄头、犁头。趄，读音qiè。艰难行走之意，成语有“趑趄不前”，此处引申为坏的、旧的。⑪洪州：唐时州名。治所在今江西南昌一带。⑫莱州：唐时州名。治所在今山东莱州市一带。⑬彼竹之筱：筱，竹的一种，也称为小箭竹。⑭剡藤纸：产于唐时浙江剡县，用藤为原材料制成的纸，洁白细腻有韧性，为唐时包茶专用纸。⑮竹匕：匕，读bǐ，匙子。⑯用末方寸匕：用竹匙挑起茶叶末一平方寸。⑰漉水囊：漉，读音lù，滤过。漉水囊，即滤水的袋子。⑱杜毓：西晋时人，字方叔，曾任中书舍人等职。⑲鹾簋：盐罐。鹾，读音cuó，盐。簋，读音guǐ，古代盛食物的圆口竹器。⑳越州、鼎州、婺州：越州，治所在今浙

江省绍兴地区。唐时越窑主要在余姚，所产青瓷极其名贵。鼎州，治所在今陕西省泾阳三原一带。婺州，治所在今浙江省金华一带。㉑ 岳州、寿州、邢州：都是唐时州郡名。治所分别在今湖南岳阳、安徽寿县、河北邢台一带。㉒ 畚：读音 běn。即簸箕。㉓ 纯布：纯，读音 shī，粗绸。㉔ 扃：读音 jiōng。可关可锁的门。

【译文】

风炉［包含灰承］：用铜或铁铸造而成，形如古代的鼎。壁体厚三分，口沿宽九分，比炉壁多出的六分让它虚悬在口沿下，用泥涂抹。所有风炉都有三只脚，上面刻有古体字二十一个。其中一只脚上刻有："坎上巽下离于中"；一只脚上刻有："体均五行去百疾"；另一只脚上刻有："圣唐灭胡明年铸"。在鼎的三脚之间，设置三个窗户，底下设置的窗户是用来通风漏灰的。三个窗户上共刻有六个古体字：一个窗上刻有"伊公"二字，一个窗上刻有"羹陆"二字，一个窗上刻有"氏茶"二字，连在一起读就是"伊公羹""陆氏茶"。炉口放置一个可堆放东西的支垛，里面设置三层格子：一层格上铸一只野鸡，野鸡也就是火禽，铸上离卦符号"☲"；另一层格上铸一只小老虎，虎属于风兽，铸上巽卦的符号"☴"；再有一层格上铸一条鱼，鱼属于水族，铸上坎卦的符号"☵"。巽代表风，离代表火，坎代表水，风能

竹制茶具

使火旺盛，火能把水煮沸，所以窗上刻有这三个卦的符号。炉壁上还铸上连缀的花朵、垂悬的草蔓、回曲的水波或者方块图案等当作装饰。风炉可以用熟铁铸成，也可以用泥塑造。而灰承，是制成三只脚的铁盘，承托风炉用的。

筥：用竹篾编织而成，高一尺二寸，直径七寸。或者用藤编织，先制作一个木楦头，用藤绕着它编织，六角圆眼花纹要明显。它的底盖要像长方形箱子口一样削平整。

炭挝：是用铁打造成的六棱形铁棒。长一尺，一头细，从中间开始逐渐粗大。手拿细头，细头顶端安一小锤做装饰，就像现在河陇军人巡逻时用的木棒。也可以打造成锤形，或者打造成斧形，这些全凭个人的爱好。

火筴：又叫作火筷，像人们平时用的火钳。两叉股是圆直的，长一尺三寸。两股交叉的上半部，做成平顶就行，不必打造成球形或勾锁形。一般用铁或熟铜制造。

鍑［音辅，或作釜，或作鬴］：用生铁制造而成。如今有人经营冶炼业就用"急铁"，也就是坏锄头之类回炉再炼的铁。铸造时，模芯外面涂抹泥土，外模里面涂抹细沙。土能使锅内面光滑，便于洗刷，沙能使锅外粗涩，吸热很快。两个锅耳制成方形，使锅提起时端正。锅沿要宽，可以用得时间长些；锅腹要深，使煮茶的水不超过中部。这样，锅深了，茶水就在锅的中部沸腾，茶叶在沸水中翻滚不会溢出，这种方法煮的茶水味道就格外的醇厚。洪州人用瓷制造锅，莱州人用石头制造锅。瓷锅和石锅都是雅致的东西，但天性不坚固、不结实，很难持久使用。也有人用银制造锅，当然是很干净，但是过于奢侈华丽。而这些用瓷、石、银制造的锅，要说雅致，确实很雅致；要论洁净，也非常洁净，但如果想长久耐用，还是以铁制的为好。

交床：是用十字交叉的木架拼制而成的，中间掏空，用来支放茶锅。

夹子：用小青竹制成。长一尺二寸。青竹的上端一寸处，要留有竹节。竹节以下对半剥开，用来夹烤茶饼。小青竹的汁液，受到火烤后就会散发香气，增加茶叶的香味。但不去丛林深谷是找不到这种小青竹的，也可用精铁、熟铜打造夹子，会更经久耐用。

纸囊：选取洁白而厚实的剡藤纸缝成夹层，把烤好的茶饼夹在里面贮藏，茶叶的香气就不容易泄漏。

碾［包含拂末］：用橘木制作最好，其次是用梨、桑、桐、柘等木制作。形状内圆外方。内圆，便于碾轮滚碾；外方，可提防碾的倾倒。碾槽以恰好容下碾轮没有多余的地方为最佳。碾轮，形状像车轮，但没有辐条，只有一个轴穿在中间。碾槽长九寸，宽一寸七分。碾轮直径三寸八分。中心厚一寸，周边厚半寸。轴的中心是方形，两手抓的地方是圆形。用来刷茶末的“拂末”，是用鸟的羽毛制作而成的。

唐·鎏金天马流云纹银茶碾

罗、合：由箩筛下来的茶末，用茶盒贮藏，把挑匙也放在盒里。罗，先削一大片竹片弯曲成圆形，用纱或绢蒙上绷紧做筛面。茶盒，用竹子的枝节制作而成，也可将杉木弯曲成圆形，外面涂抹上漆。盒高三寸，其中盒盖高一寸，盒身高二寸，口径为四寸。

则：用海贝、牡蛎、蛤蜊之类的小贝壳制作，或者用铜、铁、竹制作成匙形。则，就是称度、标准、量取的意思，大概煮一升水，用茶末一平方寸。如喜欢喝淡茶，就少放些茶末，习惯喝浓茶就多加些茶末。挑匙就是标准量器，所以称为“则”。

水方：用椆木［音胄，一种树木的名称］、槐木、楸木、梓木等木片合制而成的桶，它的里外包括缝隙都要严密并用漆漆好。每只桶盛一斗水。

漉水囊：如同人们常用的过滤袋一样。承托滤水袋的框格，要用生铜铸造，以便水浸湿后没有铜绿苔臭和腥涩的气味。若用熟铜铸造，会生铜绿苔臭；用铁铸造，有腥涩气味。在树林中和山谷里隐居的人，经常用竹木制作。木和竹长久不耐用，不易远行携带，很容易损坏，所以最好还是用生铜铸造。滤水的袋子，用青竹片卷制而成，再裁一块碧绿色的丝绢缝上，可以装饰一些细小的翠玉、螺钿。再制作一个绿色的油绢袋，把滤水袋装起来。滤水袋的口径长五寸，手握处长一寸五分。

瓢：又叫作牺、杓。是用熟的葫芦剥开制作而成的，或者用杂木掏空而成。西晋的中书舍人杜毓在《荈赋》里写道：“酌之以匏。”匏就是瓢，口径大，壳薄，把柄处短。西晋永嘉年间，余姚人虞洪到瀑布山采茶，遇到一名道士对他说：“我叫丹丘子，希望你以后牺杯里有多余的茶水时，就赠送我一些。”牺，就是木勺。现在人们通常用梨木制作。

高其佩指头写

竹筴：可以用桃木、柳木或者蒲葵木制作，也可以用柿心木制作。长一尺，两端用银包裹。

鹾簋［包含揭］：用瓷制作而成，口径四寸，形状像盒子。也可以用瓶子，或者陶盒，储存细盐。揭，用竹子制作而成，长四寸一分，宽九分。揭，就是竹片。

熟盂：开水瓶，储存开水用的。可以用瓷制作，也可用沙石制作。可以盛放二升水。

碗：茶碗，越州出产的为上等品，其次是鼎州、婺州出产的。岳州的茶碗也属于上等品，寿州、洪州的就稍差些。有人认为邢州的茶碗质地位于越州之上，其实绝对不是这样。如果说邢州的瓷器像白银，那越州的瓷器就如同玉石，这是邢瓷比不上越瓷的第一点。如说邢瓷像雪，那越瓷就像冰，这是邢瓷比不上越瓷的第二点。邢州的瓷碗颜色白，用来盛茶水，茶水呈现红色；越州的瓷碗颜色青，用来盛茶水，茶水呈现绿色，这是邢瓷比不上越瓷的第三点。西晋杜毓的《荈赋》说："器择陶拣，出自东瓯。"瓯，就是指越州，说明越瓷属于上等品。这种茶碗口沿不外翻，底向外卷而不高，每碗盛放茶水半升以下。越州瓷和岳州瓷都是青色，青色衬托茶水能增强茶色，茶水呈现绿色。邢州瓷是白色，茶水呈现红色；寿州瓷是黄色，茶水呈现紫色；洪州瓷是褐色，茶水呈现黑色，都不适合做茶碗。

畚：簸箕，用白蒲叶卷拢编织而成，可用来装储十只茶碗，也可以用筥装储。包裹茶碗用的纸套，用双层剡藤纸缝合成方形，也可装储十个。

札：收集一些棕榈丝片，夹在茱萸木的一端，或者截一段竹子，将棕榈丝片束绑在一端，形状就像一只大毛笔。

涤方：洗涤盆，用来储存洗涤用水的。是用楸木板拼合制成的，制法和“水方”一样，通常可盛放八升水。

滓方：茶渣盆，用来储存喝过的茶滓。制作方法和“涤方”相同。能盛放五升茶滓。

巾：用粗布绸制作而成。每条长二尺，做两条，轮换使用，用它清洁擦拭各种器具。

具列：陈列架，可以制作成床，也可以制成架。有的用纯木制作，有的用纯竹制作。木制的和竹制的架子，颜色黑黄，有可关锁的门，都漆上了油漆。每个长三尺、宽二尺、高六寸。称作“具列”，可以把各种器具全都存放在里面。

都篮：因可以存放各种器具而得名。用竹篾制作而成，里面编织成三角形方眼，外面有较宽的双层竹篾制成经线，再用较窄的单层竹篾缚绑，单篾依次压住双篾经线，并编成方形孔眼使它看起来精巧细致，玲珑美观。都篮高一尺五寸，底部宽一尺、高二寸，长二尺四寸，宽二尺。

唐·琉璃茶碗、托子

五、茶之煮

【原文】

凡炙茶，慎勿于风烬间炙，熛焰如钻，使凉炎不均。持以逼火，屡其翻正，候炮出培塿，状虾蟆背[①]，然后去火五寸。卷而舒，则本其始，又炙之。若火干者，以气熟止；日干者，以柔止。

其始，若茶之至嫩者，蒸罢热捣，叶烂而芽笋存焉。假以力者，持千钧杵亦不之烂。如漆科珠[②]，壮士接之，不能驻其指。及就，则似无穰骨也。炙之，则其节若倪倪，如婴儿之臂耳。既而承热用纸囊贮之，精华之气无所散越，候寒末之。[末之上者，其屑如细米；末之下者，其屑如菱角。]

其火，用炭，次用劲薪。[谓桑、槐、桐、枥之类也。] 其炭曾经燔炙，为膻腻所及，及膏木、败器，不用之。[膏木，谓柏、桂、桧也。败器，谓朽废器也。] 古人有劳薪之味[③]，信哉！

其水，用山水上，江水中，井水下。[《荈赋》所谓："水则岷方之注，挹[4]彼清流。"］其山水，拣乳泉、石池慢流者上；其瀑涌湍漱，勿食之。久食，令人有颈疾。又多别流于山谷者，澄浸不泄，自火天至霜郊[5]以前，或潜龙蓄毒于其间，饮者可决之，以流其恶，使新泉涓涓然，酌之。其江水，取去人远者。井水，取汲多者。

其沸，如鱼目[6]，微有声，为一沸；缘边如涌泉连珠，为二沸；腾波鼓浪，为三沸；已上，水老，不可食也。初沸，则水合量，调之以盐味，谓弃其啜余［啜，尝也，市税反，又市悦反］，无乃"䈽䉪"而钟其一味乎？［䈽，古暂反。䉪，吐滥反。无味也。］第二沸，出水一瓢，以竹筴环激汤心，则量末当中心而下。有顷，势若奔涛溅沫，以所出水止之，而育其华也。

煮茗图

凡酌，置诸碗，令沫饽均。[《字书》并《本草》：“沫、饽，均茗沫也。”饽，蒲笏反。] 沫饽，汤之华也。华之薄者曰沫，厚者曰饽，细轻者曰花。如枣花漂漂然于环池之上；又如回潭曲渚，青萍之始生；又如晴天爽朗，有浮云鳞然。其沫者，若绿钱浮于水湄[7]；又如菊英堕于樽俎[8]之中。饽者，以滓煮之，及沸，则重华累沫，皤皤然[9]若积雪耳。《荈赋》所谓“焕如积雪，烨若春藪[10]”，有之。

清·蒲华 茶熟菊开图

第一煮水沸，弃其沫，之上有水膜如黑云母，饮之则其味不正。其第一者为隽永。[徐县、全县二反。至美者曰隽永。隽，味也。永，长也。味长曰隽永，《汉书》蒯通著《隽永》二十篇也。] 或留熟盂以贮之，以备育华、救沸之用。诸第一与第二、第三碗次之，第四、第五碗外，非渴甚莫之饮。凡煮水一升，酌分五碗。[碗数少至三，多至五。若人多至十，加两炉。] 乘热连饮之，以重浊凝其下，精英浮其上。如冷，则精英随气而竭，饮啜不消亦然矣。

茶性俭[11]，不宜广，广则其味黯淡。且如一满碗，啜半而味寡，况其广乎！

其色缃也，其馨欸也。[香至美曰欸。欸音使。]其味甘，槚也；不甘而苦，荈也；啜苦咽甘，茶也。

【注释】

①炮出培塿，状虾蟆背：炮，烘烤。培塿，小土堆。塿，读音 lòu。虾蟆背，有很多丘泡，不光滑，形容茶饼的表面起泡，好像蛙背一样。②如漆科珠：科，用斗称量。句意为用漆斗量珍珠，滑溜难量。③劳薪之味：用旧车轮之类的燃料烧烤，食物会有异味。④挹：读音 yì，舀取。⑤自火天至霜郊：火天，酷暑时节。霜郊，秋末冬初霜降大地。二十四节气中，“霜降”在农历九月下旬。⑥鱼目：水刚刚沸时，水面有许多小气泡，像鱼的眼睛，故称鱼目。后人又称“蟹眼”。⑦水湄：有水草的河边。⑧樽俎：樽是盛酒的器具，俎是切东西时垫在底下的器具，这里指各种餐具。⑨皤皤然：皤，读音 pó。皤皤，满头白发的样子。这里形容白色水沫。⑩烨若春莩：烨，读音 yè，光辉明亮。莩，读音 fū，花。⑪茶性俭：俭，俭朴无华。比喻茶叶中可溶于水的物质不多。

【译文】

凡是炙烤茶饼，必须注意不要在大风中或者剩余的火里进行。因为这时的火焰飘忽不定，火舌尖细如钻，会使茶饼烤得冷热不均匀。应该用竹筴夹住茶饼贴近火焰，不断翻烤正反两面，待茶饼表面烤得如同小土堆和蛤蟆背一样微凸而且生起小丘点时，移开离火五寸的距离慢慢地烤。等到卷凸起的茶叶逐渐平伏下去，再夹到火跟前炙烤。茶饼如果原来是用火烘干的，那么烤到茶熟散发出香气时为好；如果原来是日光晒干的茶饼，那就烤到茶饼完全发软为止。

开始采茶时，新鲜茶叶是特别柔嫩的，蒸熟后必须趁热捣碎，叶子虽烂了但芽笋还硬挺着。这时，就是请力气很大的人拿着千斤重的大棒捣也捣不烂，就像用光滑的漆盘量光滑的珠子，大力士也无法让珠子停留在漆盘上一样。最后，芽笋依旧留在茶叶里，炙烤时这些芽笋就像婴儿的手臂一样圆圆的显露在茶饼上。此时烤好的茶饼，要趁热装进纸袋储存，以防茶的香气散发掉，待冷却后，再碾碎成茶末。[上等茶叶末，呈颗粒状如细米，品质低的茶叶末，粗糙得像菱角。]

烤茶饼的火，用木炭最好，其次是用硬柴火。[指桑、槐、桐、枥之类木材。]如果原来烧过的木炭，沾染上了腥膻油腻气味，以及本身含脂膏多的木料和腐烂不能使用的木器，都不能使用。[含脂膏多的，指柏木、桂木、桧木一类。废器，指废旧腐朽的木器。]古人曾发过"劳木之气"的议论，说得可真贴切呀！

煮茶饼的水，山水为上等，江水为中等，井水最次。[像《荈赋》所说的："水要像岷江流注的活水，用瓢舀取它的清流。"]用山水，要找钟乳滴下的和山崖中流出的泉水；山谷中汹涌激荡的急流不可喝。长时间喝的话，会使人患大脖子病。还有，泉水流到山洼谷地停滞不动的死水，从农历六七月起到九月霜降之前，会有毒龙虫蛇吐出的毒素聚集水中，喝之前要先打开一个口子进行疏导，让沉积的污水流尽，而使新的泉水缓缓流入再舀取。江河中的水，要到离人家远的地方舀取。井水，要从长期有人喝的井中汲取。

煮茶时，当水煮到有鱼眼睛一样的小水泡上浮并略有沸腾声音时，叫第一沸腾；接着，锅边沿的水像珠子在泉池翻动，叫第二沸腾；随后，锅里的水像波浪一样大翻滚，叫第三沸腾。这时的水已经煮老了，不适宜使用。在第一沸腾时，要依据水的多少，调上盐，尝一下水的咸淡。[啜，就是尝。读音用市税反切拼读，或用市悦反切拼读。] 也有的人不加盐，那说明只钟爱于无味的淡茶。[䶣，用古暂反切拼读。䵘，用吐滥反切拼读。二字是说没有味道。] 到第二沸腾时，舀出一瓢水，用竹筷在锅中心旋转搅动，再放入适量的茶末，茶末就会随着旋涡由中心沉下去。过一会儿，待锅里茶水像惊涛翻涌并有水沫溅出时，立即用先舀出的那瓢水缓缓倒入，让茶水在锅里缓缓滚动，以保留茶的精华。

分盛到茶碗的茶水，泡沫要均匀。[《字书》和《本草》同样记载，沫和饽，都是茶水的泡沫。饽，用蒲笏反切拼读。] 沫和饽，是茶水的精华，薄的叫沫，厚的叫饽，细而轻的叫花。花，有时像枣花在园池中轻轻飘荡，又像萦回的水潭和曲折的沙洲旁漂游的新生青萍，又像高爽晴朗的天空上浮动的鱼鳞云。那些沫，如绿色的浮萍漂浮在水草之旁，又像堕落的菊花降在锅碗之中。而饽，是用煮过一次的茶末再煮而形

宋·刘松年 撵茶图

成的，当茶煮沸时，它们堆积叠压在锅边，像一堆堆洁白的雪花。《荈赋》中说“焕如积雪，烨若春荂”，真的是这样。

水煮到第一沸腾时，要舀掉水面上一层像黑云母一样的水膜，不然喝的时候茶味不纯正。煮开的茶水，最好的叫隽永。[隽永，用徐县或全县反切拼读。最甜美的才称为隽永。隽，味美。永，长久。史书上说隽永，《汉书》载有蒯通著《隽永》二十篇。]可以储在熟盂里，当锅里茶水沸腾时，可以倒入以防止沸腾。后来再从锅里舀出第一、第二、第三碗茶水，味道要比隽永差些。第四、第五碗以后，除了很渴时就不要喝了。一般煮一升茶水，可舀五碗。[人少了舀三碗，人多了舀五碗，要是多到十人，那就加煮两炉。]要趁热连续喝，因为茶水中重浊的物质会沉淀到下面，气味美的精华会在上面，如果放冷了，好气味的精华会随热气散发完，一碗茶如不趁热喝就可惜了。

茶的品性俭朴，不适合多加水，水加多了茶味就淡薄无味。一碗茶只喝一半就感觉味道平淡了，何况煮茶时加很多水呢！

好茶水的颜色是淡黄的，香味醇厚。[最香叫𣚺。𣚺，音备。]茶水的味道甘甜，叫槚；不甜而带点苦味，叫荈；喝在嘴里略微苦，等到咽下后回味甘甜的，就叫茶。

六、茶之饮

【原文】

翼而飞，毛而走，呿而言①，此三者俱生于天地间，饮啄以活，饮之时义远矣哉！至若救渴，饮之以浆；蠲忧忿②，饮之以酒；荡昏寐，饮之以茶。

茶之为饮，发乎神农氏③，闻于鲁周公④。齐有晏婴⑤，汉有扬雄、司马相如⑥，吴有韦曜⑦，晋有刘琨、张载、远祖纳、谢安、左思之徒⑧，皆饮焉。滂时浸俗，盛于国朝，两都并荆俞［俞，当作渝，巴

《宫乐图》描绘的品茶场景，说明唐时品茶已很普遍。

渝也］间[⑨]，以为比屋之饮。

饮有粗茶、散茶、末茶、饼茶者。乃斫、乃熬、乃炀、乃舂，贮于瓶缶之中，以汤沃焉，谓之痷茶[⑩]。或用葱、姜、枣、橘皮、茱萸、薄荷之等，煮之百沸，或扬令滑，或煮去沫，斯沟渠间弃水耳，而习俗不已。

于戏！天育万物，皆有至妙，人之所工，但猎浅易。所庇者屋，屋精极；所著者衣，衣精极；所饱者饮食，食与酒皆精极之。茶有九难：一曰造，二曰别，三曰器，四曰火，五曰水，六曰炙，七曰末，八曰煮，九曰饮。阴采夜焙，非造也。嚼味嗅香，非别也。膻鼎腥瓯，非器也。膏薪庖炭，非火也。飞湍壅潦[⑪]，非水也。外熟内生，非炙也。碧粉缥尘，非末也。操艰搅遽[⑫]，非煮也。夏兴冬废，非饮也。

夫珍鲜馥烈者，其碗数三；次之者，碗数五。若坐客数至五，行三碗；至七，行五碗；若六人以下，不约碗数，但阙一人而已，其隽永补所阙人。

【注释】

①呿而言：呿，读音qū，张口。这里指开口会说话的人类。②蠲忧忿：蠲，读音juān，免除。③神农氏：传说中的上古三皇之一，教民稼穑，号神农，后世尊为炎帝。因有后人伪作的《神农本草》等书流传，其中提到茶，所以称为“发乎

神农氏”。④鲁周公：名姬旦，周文王之子，辅佐武王灭商，建西周王朝，“制礼作乐”，后世尊为周公，因封国在鲁，又称鲁周公。后人伪托周公作《尔雅》，讲到茶。⑤晏婴：字平仲，春秋之际大政治家，为齐国名相。相传著有《晏子春秋》，讲到他饮茶事。⑥扬雄、司马相如：扬雄，见前注。司马相如（约前179—前118），字子卿，蜀郡成都人。西汉著名文学家，著有《子虚赋》《上林赋》等。⑦韦曜（204—273）：字弘嗣，三国时人，在东吴历任中书仆射、太傅等要职。⑧晋有刘琨、张载、远祖纳、谢安、左思之徒：刘琨（271—318），字越石，中山魏昌（今河北无极县）人。曾任西晋平北大将军等职。张载，字孟阳，安平（今河北安平）人。文学家，有《张孟阳集》传世。远祖纳，即陆纳（约320—395），字祖言，吴郡吴（今江苏苏州）人。东晋时任吏部尚书等职。陆羽与其同姓，故尊为远祖。谢安（320—385），字安石，陈国阳夏（今河南太康县）人，东晋名臣，历任太保、大都督等职。左思（250—305），字太冲，山东临淄人。著名文学家，代表作有《三都赋》《咏史》等。⑨两都并荆俞间：两都，长安和洛阳。荆，荆州，治所在今湖北江陵。俞，当作渝。渝州，治所在今重庆一带。⑩痷茶：痷，读音ān，病。⑪飞湍壅潦：飞湍，飞奔的急流。壅潦，停滞的积水。潦，雨后的积水。⑫操艰搅遽：操作艰难、慌乱。遽，读音jù，惶恐、窘急。

【译文】

有翅膀的飞鸟，长有毛皮的兽类，会说话的人类，这三者都生活在天地之间，凭借饮食维持生命，可见“饮”的意义有多古远、多重要了。至于人类，要解口渴，就喝汤水；要排除忧闷，就喝酒；要清醒头脑，就喝茶。

茶当作饮料，始于神农氏，闻名于周公。春秋之际齐国的晏婴，汉代的扬雄、司马相如，三国时东吴的韦曜，两晋的刘琨、张载、我的远祖陆纳、谢安、左思这些著名人物都喝茶。茶已渗透到整个社会生活中，但流行最兴盛的要数唐朝。从西都长安到东都洛阳，从江陵到重庆，家家户户都喝茶。

茶有粗茶、散茶、末茶、饼茶四大类。有的人喝茶时，又是

中国古代文人墨客多从品茶中寻找修身养性的快乐。

研、又是熬、又是烤、又是捶，储藏在瓶子、瓦罐里，再用开水冲泡，这是非常不正确的喝茶方法。也有的人把葱、姜、枣、橘皮、茱萸、薄荷等加到茶里，煮得沸腾，或者一再扬汤，使茶水像膏汁一样滑腻，或者把茶水上面的浮沫撇掉，这样的茶，就相当于沟渠里的废水，但在民间就有这么喝的习俗。

可叹！天地孕育的万物，都有它的精妙之处，人类研究它们，常常只涉及浅在的外表现象。房屋是人类保护自己的住所，现在它的建造已特别精美；人类穿的衣服，衣冠服饰也已特别精美；人类填饱肚子的是饮食，食物和酒也已特别精美。茶，有九个方面是很难做好的：一是采摘制作，二是鉴别品评，三是器具，四是用火，五是选水，六是烤炙，七是碾末，八是烹煮，九是饮用。阴天采摘，夜里加工，这不是采摘制作茶的优良方法。口嚼干茶辨别味道，用鼻子闻茶的香气，这不是鉴别茶的专家。有膻味的鼎和沾腥味的碗，这不是烹制茶的器具。含脂膏多的柴、厨房用过的木炭，这些都不是烤茶的燃料。飞流湍急的河水或淤滞不流的死水，这些不是煮茶的水。把茶饼烤得外焦里生，是使用了不正确的烤法。碾出的茶末颜色青白，这不是好茶末。煮茶操作不灵活、动作急慌凌乱，这算不上会煮茶。夏天才喝茶、冬天不喝茶，这不是真正的饮茶者。

如果是滋味鲜醇、馨香袭人的珍贵佳茗，一锅最多只投入煮三碗水的茶末；品质略差点的，投入够煮五碗的茶末。如果客人是五位，就用煮三碗的好茶；是七位，就用煮五碗的稍差点的茶；是六位以下，预先不定碗数，一旦缺一位客人的茶，就将那碗最先舀出的“隽永”茶给他。

七、茶之事

【原文】

三皇：炎帝神农氏。

中国历史上关于茶最早的记载是《神农本草经》，传说是神农氏发现了茶，认为茶有解毒的神奇功效。

周：鲁周公旦，齐相晏婴。

汉：仙人丹丘子，黄山君，司马文园令相如，扬执戟雄。

吴：归命侯①，韦太傅弘嗣。

晋：惠帝②，刘司空琨，琨兄子兖州刺史演，张黄门孟阳③，傅司隶咸④，江洗马统⑤，孙参军楚⑥，左记室太冲，陆吴兴纳，纳兄子会稽内史俶，谢冠军安石，郭弘农璞，桓扬州温⑦，杜舍人毓，武康小山寺释法瑶，沛国夏侯恺⑧，余姚虞洪，北地傅巽，丹阳弘君举，新安任育长⑨，宣城秦精，敦煌单道开⑩，剡县陈务妻，广陵老姥，河内山谦之。

后魏：琅琊王肃⑪。

宋：新安王子鸾，鸾弟豫章王子尚⑫，鲍昭妹令晖⑬，八公山沙门谭济⑭。

齐：世祖武帝[15]。

梁：刘廷尉[16]，陶先生弘景[17]。

皇朝：徐英公勣[18]。

《神农食经》[19]：“茶茗久服，令人有力，悦志。”

周公《尔雅》：“槚，苦荼。”

《广雅》[20]云：“荆巴间采叶作饼，叶老者，饼成以米膏出之。欲煮茗饮，先炙令赤色，捣末，置瓷器中，以汤浇覆之，用葱、姜、橘子芼之。其饮醒酒，令人不眠。”

《晏子春秋》[21]：“婴相齐景公时，食脱粟之饭，炙三弋、五卵，茗菜而已。”

司马相如《凡将篇》[22]：“乌喙、桔梗、芫华、款冬、贝母、木蘗、蒌、芩草、芍药、桂、漏芦、蜚廉、雚菌、荈诧、白敛、白芷、菖蒲、芒硝、莞椒、茱萸。”

《方言》：“蜀西南人谓茶曰蔎。”

《吴志·韦曜传》：“孙皓每飨宴，坐席无不率以七升为限，虽不尽入口，皆浇灌取尽。曜饮酒不过二升，皓初礼异，密赐茶荈以代酒。”

吴帝孙皓经常暗暗赐茶给韦曜，以喝茶代替喝酒。

《晋中兴书》[23]："陆纳为吴兴太守时，卫将军谢安尝欲诣纳［《晋书》云：纳为吏部尚书］，纳兄子俶怪纳无所备，不敢问之，乃私蓄十数人馔。安既至，所设惟茶果而已。俶遂陈盛馔，珍羞毕具。及安去，纳杖俶四十，云：'汝既不能光益叔父，奈何秽吾素业？'"

《晋书》："桓温为扬州牧，性俭，每宴饮，唯下七奠柈茶果而已。"

《搜神记》[24]："夏侯恺因疾死，宗人字苟奴，察见鬼神，见恺来收马，并病其妻。著平上帻、单衣，入坐生时西壁大床，就人觅茶饮。"

刘琨《与兄子南兖州[25]刺史演书》云："前得安州[26]干姜一斤，桂一斤，黄芩一斤，皆所须也。吾体中溃［溃，当作愦］闷，常仰真茶，汝可置之。"

傅咸《司隶教》曰："闻南方有蜀妪作茶粥卖，为廉事打破其器具。后又卖饼于市，而禁茶粥以困蜀妪，何哉？"

《神异记》[27]："余姚人虞洪，入山采茗，遇一道士，牵三青牛，引洪至瀑布山，曰：'予，丹丘子也。闻子善具饮，常思见惠。山中有大茗，可以相给，祈子他日有瓯牺之余，乞相遗也。'因立奠祀。后常令家人入山，获大茗焉。"

明·文嘉 山静日长图卷（局部）

左思《娇女诗》[28]："吾家有娇女，皎皎颇白皙。小字为纨素，口齿自清历。有姊字蕙芳，眉目灿如画。驰骛翔园林，果下皆生摘。贪华风雨中，倏忽数百适。心为茶荈剧，吹嘘对鼎鬲。"

张孟阳《登成都楼诗》[29]云："借问扬子舍，想见长卿庐。程卓累千金，骄侈拟五侯。门有连骑客，翠带腰吴钩。鼎食随时进，百和妙且殊。披林采秋橘，临江钓春鱼。黑子过龙醢，果馔逾蟹蝑。芳茶冠六清，溢味播九区。人生苟安乐，兹土聊可娱。"

傅巽《七诲》："蒲桃、宛柰，齐柿、燕栗，恒阳黄梨，巫山朱橘，南中茶子，西极石蜜。"

弘君举《食檄》："寒温既毕，应下霜华之茗；三爵而终，应下诸蔗、木瓜、元李、杨梅、五味、橄榄、悬豹、葵羹各一杯。”

孙楚《歌》：“茱萸出芳树颠，鲤鱼出洛水泉。白盐出河东，美豉出鲁渊。姜桂荼荈出巴蜀，椒橘木兰出高山。蓼苏出沟渠，精稗出中田。”

华佗《食论》[30]：“苦荼久食，益意思。”

壶居士[31]《食忌》：“苦荼久食，羽化。与韭同食，令人体重。”

郭璞《尔雅注》云：“树小似栀子，冬生，叶可煮羹饮。今呼早取为荼，晚取为茗，或一曰荈，蜀人名之苦荼。”

《世说》[32]：“任瞻，字育长，少时有令名，自过江失志。既下饮，问人云：‘此为荼？为茗？’觉人有怪色，乃自申明云：‘向问饮为热为冷耳。’”

《续搜神记》[33]：“晋武帝世，宣城人秦精，常入武昌山采茗，遇一毛人，长丈余，引精至山下，示以

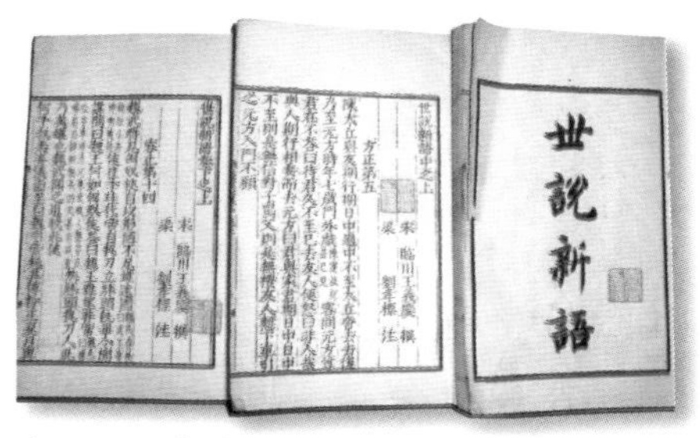

《世说新语》书影

从茗而去。俄而复还，乃探怀中橘以遗精。精怖，负茗而归。”

《晋四王起事》[34]：“惠帝蒙尘，还洛阳，黄门以瓦盂盛茶上至尊。”

《异苑》[35]：“剡县陈务妻，少与二子寡居，好饮茶茗。以宅中有古冢，每饮，辄先祀之。二子患之，曰：‘古冢何知？徒以劳意！’欲掘去之，母苦禁而止。其夜，梦一人云：‘吾止此冢三百余年，卿二子恒欲见毁，赖相保护，又享吾佳茗，虽泉壤朽骨，岂忘翳桑之报[36]！’及晓，于庭中获钱十万，似久埋者，但贯新耳。母告二子，惭之，从是祷馈愈甚。”

《广陵耆老传》：“晋元帝时，有老姥每旦独提一器茗，往市鬻之。市人竞买，自旦至夕，其器不减。所得钱散路旁孤贫乞人。人或异之。州法曹絷之狱中。至夜老姥执所鬻茗器，从狱牖中飞出。”

《艺术传》[37]：“敦煌人单道开，不畏寒暑，常服小石子，所服药有松、桂、蜜之气，所饮茶苏而已。”

释道悦《续名僧传》：“宋释法瑶，姓杨氏，河东人。元嘉中过江，遇沈台真，请真君武康小山寺，年垂悬车。[悬车，喻日入之候，指垂老时也。《淮南子》[38]曰：“日至悲泉，爰息其马。”亦此意也。]饭所饮茶。永明中，敕吴兴礼致上京，年七十九。”

宋《江氏家传》[39]："江统，字应元，迁愍怀太子[40]洗马。尝上疏谏云：'今西园卖醯[41]、面、篮子、菜、茶之属，亏败国体。'"

《宋录》："新安王子鸾、豫章王子尚，诣昙济道人于八公山。道人设茶茗，子尚味之，曰：'此甘露也，何言茶茗？'"

王微[42]《杂诗》："寂寂掩高阁，寥寥空广厦。待君竟不归，收领今就槚。"

鲍昭妹令晖著《香茗赋》。

南齐世祖武皇帝《遗诏》[43]："我灵座上慎勿以牲为祭，但设饼果、茶饮、干饭、酒脯而已。"

道教茅山派陶弘景在《杂录》中说茶能轻身换骨，可见茶已被夸大为轻身换骨和羽化成仙的"妙药"。

梁刘孝绰《谢晋安王饷米等启》[44]："传诏李孟孙宣教旨，垂赐米、酒、瓜、笋、菹、脯、酢、茗八种。气苾新城，味芳云松。江潭抽节，迈昌荇之珍。疆场擢翘，越葺精之美。羞非纯束野麐，裛似雪之鲈；鲊异陶瓶河鲤，操如琼之粲。茗同食粲，酢颜望柑。免千里宿舂，省三月种聚。小人怀惠，大懿难忘。"

陶弘景《杂录》："苦茶，轻身换骨，昔丹丘子、黄山君服之。”

《后魏录》:“琅琊王肃[45]，仕南朝，好茗饮、莼羹。及还北地，又好羊肉、酪浆。人或问之:‘茗何如酪？’肃曰:‘茗不堪与酪为奴。’”

《桐君录》[46]:“西阳、武昌、庐江、晋陵[47]好茗，皆东人作清茗。茗有饽，饮之宜人。凡可饮之物，皆多取其叶，天门冬、菝葜取根，皆益人。又巴东[48]别有真茗茶，煎饮令人不眠。俗中多煮檀叶并大皂李作茶，并冷。又南方有瓜芦木，亦似茗，至苦涩，取为屑茶饮，亦可通夜不眠。煮盐人但资此饮，而交、广[49]最重，客来先设，乃加以香芼辈。”

《坤元录》[50]:“辰州溆浦县西北三百五十里无射山，云蛮俗当吉庆之时，亲族集会，歌舞于山上。山多茶树。”

《括地图》[51]:“临遂[52]县东一百四十里有茶溪。”

山谦之《吴兴记》[53]:“乌程县[54]西二十里，有温山，出御荈。”

《夷陵图经》[55]:“黄牛、荆门、女观、望州[56]等山，茶茗出焉。”

《永嘉图经》:“永嘉县[57]东三百里有白茶山。”

《淮阴图经》:“山阳县[58]南二十里有茶坡。”

《茶陵图经》:“茶陵[59]者，所谓陵谷生茶茗焉。”

《本草·木部》[60]："茗：苦茶。味甘苦，微寒，无毒。主瘘疮，利小便，去痰渴热，令人少睡。秋采之苦，主下气消食。《注》云：'春采之。'"

《本草·菜部》："苦菜，一名荼，一名选，一名游冬，生益州川谷，山陵道旁，凌冬不死。三月三日采，干。《注》云：'疑此即是今茶，一名荼，令人不眠。'"

《本草注》："按，《诗》云'谁谓荼苦'[61]，又云'堇荼如饴'[62]，皆苦菜也。陶谓之苦茶，木类，非菜流。茗，春采谓之苦搽［途遐反］。"

《文苑图》局部

中国古代的文人墨客常常把儒家思想引入茶道，谈论"茶理"时往往也离不开儒家思想。

《枕中方》："疗积年瘘：苦茶、蜈蚣并炙，令香熟，等分，捣筛，煮甘草汤洗，以末傅之。"

《孺子方》："疗小儿无故惊厥，以苦茶、葱须煮服之。"

【注释】

①归命侯：即孙皓。东吴亡国之君。280年，晋灭东吴，孙皓投降，封"归命侯"。②惠帝：晋惠帝司马衷，290—307年在位。③张黄门孟阳：张载字孟阳，但未任过黄门侍郎。任黄门侍郎的是他的弟弟张协。④傅司隶咸：傅咸（239—294），字长虞，北地泥阳（今陕西铜川）人，官至司隶校尉，简称司隶。⑤江洗马统：江统（？—310），字应元，陈留圉县（今河南杞县东）人。曾任太子洗马。⑥孙参军楚：孙楚（？—293），字子荆，太原中都（今山西平遥）人。曾任扶风王的参军。⑦桓扬州温：桓温（312—373），字符子，龙亢（今安徽怀远县西）人。曾任扬州牧等职。⑧沛国夏侯恺：晋书无传。干宝《搜神记》中提到他。⑨新安任育长：任育长，生卒年不详，新安（今河南渑池）人。名詹，字育长，曾任天门太守等职。⑩敦煌单道开：晋时著名道士，敦煌人。《晋书》有传。⑪琅琊王肃：王肃（464—501），字恭懿，琅琊（今山东临沂）人，北魏著名文士，曾任中书令等职。⑫新安王子鸾，鸾弟豫章王子尚：刘子鸾、刘子尚，都是南北朝时宋孝武帝的儿子。一封新安王，一封豫章王。但子尚为兄，子鸾为弟，这里是作者误记。⑬鲍昭妹令晖：鲍昭，即鲍照（414—466），字明远，东海郡（今江苏镇江）人，南朝著名诗人。其妹令晖，擅长辞赋，钟嵘《诗品》说她："令辉歌诗，往往崭

新清巧，拟古尤胜。”⑭ 八公山沙门谭济：八公山，在今安徽寿县北。沙门，佛家指出家修行的人。谭济，应为昙济，即下文说的“昙济道人”。⑮ 世祖武帝：南北朝时南齐的第二个皇帝，名萧赜，483 — 493 年在位。⑯ 刘廷尉：刘孝绰（480 — 539），彭城（今江苏徐州）人。为梁昭明太子赏识，任太子仆兼延尉卿。⑰ 陶先生弘景：陶弘景（456 — 536），字通明，秣陵（今江苏南京）人，有《神农本草经集注》传世。⑱ 徐英公勣：徐世勣（592 — 667），字懋功，唐开国功臣，封英国公。⑲《神农食经》：古书名，已佚。⑳《广雅》：字书。三国时张揖撰，是对《尔雅》的补作。㉑《晏子春秋》：又称《晏子》，旧题齐晏婴撰，实为后人采晏子事迹编辑而成。成书约在汉初。此处陆羽引书有误。《晏子春秋》原为：“炙三弋、五卵、苔菜而矣。”不是“茗菜”。㉒《凡将篇》：伪托司马相如作的字书。已佚。此处引文为后人所辑。㉓《晋中兴书》：佚书。有清人辑存一卷。㉔《搜神记》：东晋干宝著，计三十卷，为我国志怪小说之始。㉕ 南兖州：晋时州名，治所在今江苏镇江市。㉖ 安州：晋时州名。治所在今湖北安陆市一带。㉗《神异记》：西晋王浮著。原书已佚。㉘左思《娇女诗》：原诗五十六句，陆羽所引仅为有关茶的十二句。㉙张孟阳《登成都楼诗》：张孟阳，见前注。原诗三十二句，陆羽仅录有关茶的十六句。㉚华佗《食论》：华佗（约 141 — 208），字符化，是东汉末著名医师。《三国志・魏书》有传。㉛壶居士：道家传说的真人之一，又称壶公。㉜《世说》：即《世说新语》，南朝宋临川王刘义庆著，为我国志人小说之始。㉝《续搜神记》：旧题陶潜著，实为后人伪托。㉞《晋四王起事》：南朝卢綝著，原书已佚。㉟《异苑》：东晋末刘敬叔所撰，今存十卷。㊱翳桑之报：翳桑，古地名。春秋时晋国人赵盾，曾在翳桑救

明·陈洪绶 品茶图轴

了将要饿死的灵辄，后来晋灵公欲杀赵盾，灵辄扑杀恶犬，救出赵盾。后世称此事为“翳桑之报”。㊲《艺术传》：即唐房玄龄所著《晋书·艺术列传》。㊳《淮南子》：又名《淮南鸿烈》，为汉淮南王刘安及其门客所著。今存二十一篇。㊴《江氏家传》：南朝宋江统著，已佚。㊵愍怀太子：晋惠帝之子，立为太子，元康元年（300）被贾后害死，年仅21岁。㊶醯：读xī，醋。㊷王微：南朝诗人。㊸南齐世祖武皇帝《遗诏》：南朝齐武皇帝名萧赜。《遗诏》写于齐永明十一年（493）。㊹梁刘孝绰《谢晋安王饷米等启》：刘孝绰，见前注。他本名冉，孝绰是他的字。晋安王名萧纲，昭明太子卒后，继为皇太子。后登位称简文帝。㊺王肃：王肃，本在南齐做官，后降北魏。北魏是北方少数民族鲜卑族拓跋部建立的政权，该民族喜食牛羊肉、饮牛羊奶加工的酪浆。王肃为讨好新主子，所以当北魏高祖问他时，他贬低说茶还不配给酪浆当奴仆。这话传出后，北魏朝贵遂称茶为“酪奴”，并且在宴会时，“虽设茗饮，皆耻不复食”。（见《洛阳伽蓝记》）㊻《桐君录》：全名《桐君采药录》，已佚。㊼西阳、武昌、庐江、晋陵：西阳、武昌、庐江、晋陵均为晋郡名，治所分别在今湖北黄冈、湖北武昌、安徽舒城、江苏常州一带。㊽巴东：晋郡名。治所在今重庆万州一带。㊾交、广：交州和广州。交州，在今广西合浦、北海市一带。㊿《坤元录》：古地学书名，已佚。(51)《括地图》：即《括地志》，唐萧德言等人著，已散佚，清人辑存一卷。(52)临遂：晋时县名，今湖南衡东县。(53)《吴兴记》：南朝宋山谦之著，共三卷。(54)乌程县：治所在今浙江湖州市。(55)《夷陵图经》：夷陵，在今湖北宜昌地区，这是陆羽从方志中摘出自己加的书名。（下同）(56)黄牛、荆门、女观、望州：黄牛山在今宜昌市向北80里处。荆门山在今宜昌市东南

30里处。女观山在今宜都县西北。望州山在今宜昌市西。57 永嘉县：治所在今浙江温州市。58 山阳县：今称淮安市。59 茶陵：即今湖南茶陵县。60《本草·木部》:《本草》即唐《新修本草》，又称《唐本草》或《唐英本草》，因唐英国公徐勣任该书总监。下文《本草》同。61 谁谓荼苦：用荼时，荼作二解，一为茶，一为野菜。这里是野菜。62 堇荼如饴：荼也是野菜。

【译文】

古代三皇时代：炎帝神农氏。

周代：周朝鲁周公旦，齐国宰相晏婴。

汉代：仙人丹丘子、黄山君，文园令司马相如，执戟黄门侍郎扬雄。

三国东吴：归命侯孙皓，太傅韦弘嗣。

晋代：晋惠帝司马衷，司空刘琨，刘琨之侄兖州刺史刘演，黄门侍郎张孟阳，司隶校尉傅咸，太子洗马江统，参军孙楚，记室左太冲，吴兴太守陆纳，陆纳之侄会稽内史陆俶，冠军将军谢安石，弘农太守郭璞，扬州牧桓温，中书舍人杜毓，武康小山寺禅师法瑶，沛国人夏侯恺，余姚人虞洪，北地人傅巽，丹阳人弘君举，乐安太守任育长，宣城人秦精，敦煌道士单道开，剡县陈务的妻子，广陵郡的老姥，河内人山谦之。

北魏：琅琊人王肃。

南朝宋：新安王刘子

三彩陶杯盘

以黄、赭、绿为基本色调，色彩斑斓。

鸾，鸾之弟豫章王刘子尚，鲍昭的妹妹鲍令晖，八公山道人昙济。

南北朝南齐：世祖武帝萧赜。

南朝梁：廷尉卿刘孝绰，贞白先生陶弘景。

唐代：英国公徐勣。

《神农食经》记载说："长期喝茶，使人身体强壮有力、精神愉快。"

周公《尔雅》说："槚，就是苦茶。"

《广雅》说："湖北江陵以及重庆一带的人，采摘茶叶制作茶饼。叶子老了，就用米膏掺和在一起制成饼。若想煮茶喝，先把茶饼烤成赤红色，捣成碎末，放到瓷器里，用开水浇泡并加上盖，再往茶水里加入葱、姜、橘子等。这样喝茶，不但可以醒酒，还会让人兴奋得睡不着觉。"

《晏子春秋》记载："晏婴在给齐景公做相国时，吃的是粗米饭，菜只是两三只烤野禽，几道腌菜和茶水而已。"

司马相如的《凡将篇》记载："乌喙、桔梗、芫华、款冬、贝母、木蘖、蒌菜、黄芩、芍药、桂、漏芦、蜚廉、萑菌、荈诧、白蔹、白芷、菖蒲、芒硝、莞椒、茱萸。"

《方言》记载："四川西南部的人把茶叶叫作蔎。"

《吴志·韦曜传》记载："孙皓每次摆酒设宴，对入座的人都命令其喝满七升酒，凡是喝不完的，都硬给灌进嘴里。韦曜酒量一向没有超过二升，孙皓刚开始看重他时，暗中赏赐他茶水以代替酒。"

《晋中兴书》记载："陆纳任吴兴太守时，卫将军谢安拜访陆纳。[《晋书》说是陆纳任吏部尚书时的事。] 他的侄儿陆俶得知他未做招待客人的准备，又不敢问他，就私下准备了十来个人的酒菜。谢安来了，陆纳只摆上茶和果品招待。陆俶便把丰盛的酒菜端上来，各种珍贵美味的食品样样齐全。等到谢安告辞之后，陆纳把陆俶叫来，打了四十板子，说：‘你这样做不但没有使为叔增加光彩，反而还玷污了我一向崇尚俭朴的节操。’”

《晋书》记载：“桓温任扬州牧时，品性俭朴，每次宴请客人，只摆上七种果子和茶水而已。”

《搜神记》记载：“夏侯恺患病死去，他的族人有个名叫苟奴的，看见了他的鬼魂，见他来收生前骑过的马，并且作祟使他妻子得病。当时，夏侯恺的鬼魂戴着平顶帽，穿着单衣进入屋内，坐在活着时候常坐的靠西墙的大床上，吩咐下人找茶水给他喝。”

刘琨在《与兄子南兖州刺史演书》中说：“先前收到你给的安州干姜一斤，肉桂一斤，黄芩一斤，这些都是我正需要的。我身体不舒服，胸中烦闷［溃，应该是“愦”］，常想喝点真正的茶，你可给我采买一些。”

傅咸《司隶教》说：“听说四川有个老太太制作茶粥出卖，四川的官员为执行皇帝提倡节俭的命令，打破了这位老太太的制粥器具。后来她又在市场上卖大饼，我想不明白，官吏们为什么要禁止老太太卖茶粥让她为难呢？”

《神异记》记载：“余姚人虞洪，到山里采摘茶叶，遇见一名道士，牵着三条青牛，指引虞洪到瀑布山，说：‘我叫丹丘子，听说你善于制茶煮茶，常常想得到你的馈赠。这山里有大叶茶树，可以送给你采摘，希望你以后茶杯中有多余的茶水，就赠送我一些。’回到家中，虞洪就立了丹丘子的牌位，经常用茶奠祀。后来经常让家里人进山采茶，每次都能采摘到大叶茶。”

左思《娇女诗》写道：“吾家有娇女，皎皎颇白皙。小字为纨素，口齿自清历。有姊字蕙芳，眉目灿如画。驰骛翔园林，果下皆生摘。贪华风雨中，倏忽数百适。心为荼荈剧，吹嘘对鼎铴。”

张孟阳的《登成都楼诗》写道：“借问扬子舍，想见长卿庐。程卓累千金，骄侈拟五侯。门有连骑客，翠带腰吴钩。鼎食随时进，百和妙且殊。披林采秋橘，临江钓春鱼。黑子过龙醢，果馔逾蟹蝑。芳茶冠六清，溢味播九区。人生苟安乐，兹土聊可娱。”

傅巽的《七诲》记载：“蒲板的桃子，南阳的苹果，山东的柿子，河北的板栗，恒阳的黄梨，巫山的朱橘，云南的茶子饼，西域［主要指印度］的石蜜。”

弘君举的《食檄》写道：“客人来了问过寒暖后，就应该斟上沫饽如霜的最好的茶。三杯喝过后，再摆出甘蔗、木瓜、大李子、杨梅、五味子、橄榄、山莓，每人再上一杯莼菜汤。”

孙楚的《歌》写道：“芳香的茱萸生长在树枝尖，鲜肥的鲤鱼出自洛水泉。洁白的池盐出于山西，美味的豆豉出于齐鲁间。姜桂茶叶产在四川，椒橘木兰长在高山。蓼辣紫苏生在沟渠，精细的白米出自农田。”

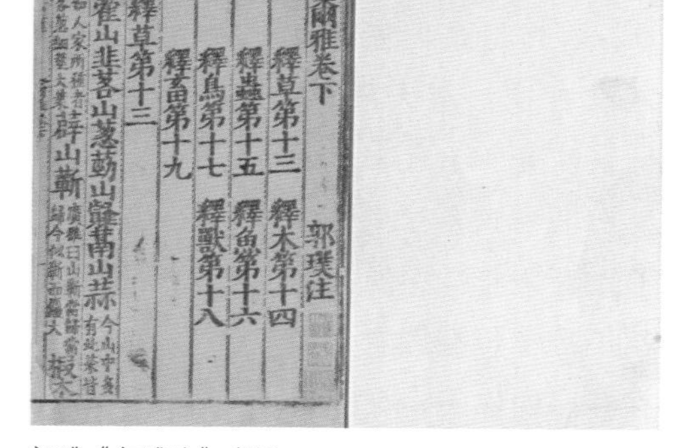

郭璞《尔雅注》书影

华佗的《食论》说：“长期喝茶，对大脑思维有好处。”

壶居士的《食忌》讲：“长期喝茶，可以羽化成仙。如果与韭菜一起吃，可以增加人的体重。”

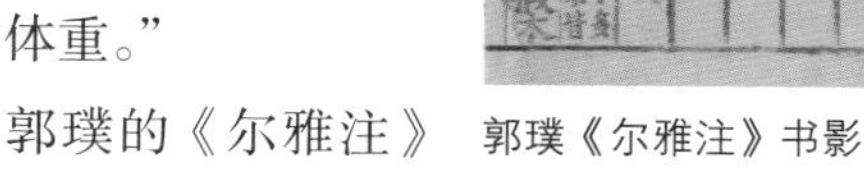

郭璞的《尔雅注》

说："茶树矮小的像栀子，冬天生长的树叶，可以煮成汤喝。现在人们把早采摘的叫作茶，晚采摘的叫作茗，还有一个名字叫作荈，四川人称作苦荼。"

《世说新语》记载："任瞻，字育长，年轻时就有好名声。自从北方避难到江南后再没喝到好茶。有人用茶招待他，他问主人：'这是茶，还是茗？'看到主人脸上有惊奇的神色，便强调说：'我是问是喝热茶还是凉茶。'"

《续搜神记》记载："西晋武帝时，宣城人秦精经常到武昌山中采摘茶叶。遇见一个毛人，身高一丈多，引他到一座山峰下，指给他一丛茶树就走开了。过了一会儿毛人又回来，还从怀里掏出橘子送给秦精。秦精感到害怕，忙背着茶叶跑回家。"

《晋四王起事》说："惠帝被迫离开宫廷，被囚禁在金墉城，后来回到洛阳宫中，宦官用瓦罐呈茶给他喝。"

《异苑》记载："郯县陈务的妻子，年轻时带着两个儿子守寡，喜欢喝茶。因为院里有一座古墓，每次喝茶，都先向古墓奠祀一杯。时间长了两个儿子感到厌烦，说：'古墓知道什么？白费你的精神。'于是便想挖掉古墓，经过母亲再三劝阻才没有挖。这天夜里，母亲梦见一个人来对她说：'我在这墓冢里已住了三百余年，您的两个儿子常常想掘毁它，幸亏有您的保护，又经常用佳茗祭奠我，我虽是

清·金廷标 品泉图

黄泉的枯骨，但也不会忘记报答您的恩情。’到了早晨，她在院子里看见十万枚铜钱，好像埋了很长时间，但穿钱的绳子却是新的。她把这奇事说给儿子，两个儿子都有些惭愧，从此更加殷勤地用茶茗向古墓祈祷祭奠。”

《广陵耆老传》记载：“晋元帝时，有位老太太每天早晨独自提一壶茶水到市场上去卖。街上的人都争着买，但从早晨卖到晚上，壶里的茶水却一点也不减少。所卖的钱都散发给路旁的孤苦贫民和乞丐。有人怀疑她有神奇的法术。于是州郡官派掌刑事的衙吏把她抓走关入牢中。到了半夜，这老太太便提着卖茶的壶从牢狱窗口飞走了。”

《艺术传》记载：“敦煌人单道开，不怕冷也不怕热，经常吃小石子，他服用的药有松子、桂圆、蜂蜜的气味，所喝的也是茶和紫苏汤。”

释道悦《续名僧传》说：“南朝宋有个释法瑶和尚，姓杨，山西河东郡人。元嘉年间，从北方渡江到南方，在浙江武康县小山寺遇见沈台真，两人都已老耄。所吃的只是茶粥。南齐永明年间，武帝命令吴兴太守准备礼品请他进京，这时，他已经七十九岁。”

南朝宋《江氏家传》记载：“江统，字应元，迁升为愍怀太子洗马时，曾经上书劝谏太子说：‘现在西园卖醋、面、篮子、菜、茶之类东西，有损国家体面。’”

《宋录》记载：“新安王刘子鸾，豫章王刘子尚，在八公山拜访释昙济道长。道长献茶招待，刘子尚品尝后说：‘这是甘露啊，为什么叫它茶？’”

王微《杂诗》写道：“寂寂掩高阁，寥寥空广厦。待君竟不归，收领今就槚。”

鲍照之妹鲍令晖著有《香茗赋》。

南齐世祖武皇帝，临终时写下《遗诏》说："我的灵座前千万不要用牛羊牲品祭奠，只要供奉饼果、茶茗、干饭、酒类就可以了。"

南朝梁刘孝绰在《谢晋安王饷米等启》中写道："传诏官李孟孙宣示了您的教旨，恭蒙您赏赐了米、酒、瓜、笋、腌菜、肉干、醋、茶八种。醇香芬芳的美酒，真像新丰、松花的佳酿。江滨新长的竹笋，可以与菖蒲、荇菜媲美。园圃中摘来的瓜儿，味道醇美到了极点。腊味虽不是白茅纯束的獐鹿，但也是雪白肥嫩的肉脯；腌鱼胜过陶侃坛装的河鲤，大米如同洁白的美玉。茶茗就像上等的白米，陈醋正如又酸又甜的柑橘。赏赐的物品这么多，好几个月也不必再去采买。小人感恩不尽，盛德永难忘怀。"

陶弘景的《杂录》说："苦茶，可以使人轻身换骨，从前的丹丘子、黄山君就经常喝茶而羽化成仙。"

《后魏录》记载："琅琊人王肃，在南朝齐为官，爱喝茶和莼菜汤。后来到了北方，又爱吃羊肉和酪浆。有人问他：'茶比酪浆怎么样？'王肃说：'茶给酪浆做奴隶还不配呢。'"

《桐君录》记载："西阳、武昌、庐江、晋陵的人都爱喝茶，做东道主的就烹煮清茶。茶水里有沫饽，常喝对人体有好处。凡是可以当作饮料的，大都是选取其叶子，但天门冬、菝葜却取根，都对人有好处。另外，四川巴东郡有真茶茗，烹饮使人兴奋得睡不着觉。民间多有用檀树叶和大皂李制作茶，喝它们有种清凉的感觉。南方还有种叫瓜芦木的，也像茶，滋味又苦又涩，取制成碎末当茶喝，也可使人彻夜不眠。沿海各地煮盐的人专门拿它当作饮料，而以交州、广州两地最为重视，客人来了，就首先献上

明·黄卷 嬉春图(局部)

这种饮料，还加入一些芳香调料。”

《坤元录》记载：“湖南辰州溆浦县西北方三百五十里有座无射山，据说当地少数民族在吉庆的时候，亲族友人在山上聚集在一起歌舞。山中长有许多茶树。”

《括地图》记载：“湖南临遂县东一百四十里有茶溪。”

山谦之的《吴兴记》说：“浙江乌程县西二十里，有座温山，出产贡茶。”

《夷陵图经》记载：“湖北峡州的黄牛、荆门、女观、望州等山，都出产茶叶。”

《永嘉图经》记载：“浙江永嘉县东三百里有座白茶山。”

《淮阴图经》记载：“山阳县南二十里处有茶坡。”

《茶陵图经》说："茶陵县，就是因为山陵河谷中盛产茶叶而得名。"

《本草·木部》说："茗，又叫苦荼。味道甘甜带有苦味，略微寒，没有毒。主治瘘疮，利尿、去痰、止渴解热，使人兴奋得不能入睡。秋天采集的茶味道苦，主要功能是通气、消化食物。陶弘景的《神农本草集注》说：'要春天采制。'"

《本草·菜部》说："苦菜，又叫荼，又叫选，或者叫游冬，出产于四川益州川谷山陵路旁，严寒的冬天也冻不死。第二年春天三月三采集阴干。陶弘景《神农本草集注》说：'怀疑这就是现在人说的茶，又叫荼，让人兴奋得不能入睡。'"

《本草注》按："《诗经》说，'谁说荼苦'，又说：'堇荼如饴'，这都是苦菜。陶弘景说的苦荼，是木本植物的茗，不是草本植物菜类。茗，在春天采摘的叫苦搽。"

《枕中方》记载："治疗多年来没有治愈的瘘疮，用茶叶和蜈蚣一起烧，炙熟，使其散发出香气，再等分两份，捣碎，过筛，拿一份加甘草煮汤洗患处，另一份敷在疮口。"

《孺子方》记载："治疗小儿没有原因的惊厥，可以用茶叶加葱煮成汤服用。"

八、茶之出

【原文】

山南[①]：以峡州[②]上［峡州生远安、宜都、夷陵三县[③]山谷］，襄州、荆州[④]次［襄州生南漳县[⑤]山谷；荆州生江陵县山谷］，衡州[⑥]下［生衡山[⑦]、茶陵二县山谷］，金州、梁州[⑧]又下。［金州生西城、安康[⑨]二县山谷；梁州生褒城、金牛[⑩]二县山谷］。

淮南[⑪]：以光州上[⑫]［生光山县黄头港者，与峡州同］，义阳郡[⑬]、舒州[⑭]次，［生义阳县钟山[⑮]者，与襄州同；舒州生太湖县潜山[⑯]者，与荆州同］，寿州[⑰]下［生盛唐县霍山[⑱]者，与衡山同］，蕲州[⑲]、黄州[⑳]又下［蕲州生黄梅县山谷；黄州生麻城县山谷，并与荆州、梁州同也］。

北朝·青瓷双流鸡首壶

浙西[㉑]：以湖州[㉒]上［湖州，生长城县[㉓]顾渚山[㉔]谷，与峡州、光州同；生山桑、儒师二寺、白茅山悬脚岭[㉕]，与襄州、荆州、义阳郡同；生凤亭山伏翼阁，飞云、曲水二寺[26]，啄木岭[27]与寿州、常州同。生安吉、武康二县山谷，与金州、梁州同。］常州[28]次，［常州义兴县[29]生君山[30]悬脚岭北峰下，与荆州、义阳郡同；生圈岭善权寺[31]、石亭山，与舒州同］，宣州、杭州、睦州、歙州[32]下［宣州生宣城县雅山[33]，与蕲州同；太平县生上睦、临睦[34]，与黄州同；杭州临安、於潜[35]二县生天目山[36]，与舒州同；钱塘生天竺、灵隐二寺[37]；睦州生桐庐县山谷；歙州生婺源山谷，与衡州同］，润州[38]、苏州[39]又下［润州江宁县生傲山[40]，苏州长洲县生洞庭山[41]，与荆州、蕲州、梁州同］。

老茶树

茶树在中国分布非常广泛。超过千年树龄的茶树也很多。

剑南[42]：以彭州[43]上［生九陇县、马鞍山至德寺、堋口[44]，与襄州同］，绵州、蜀州次[45]［绵州龙安县生松岭关[46]，与荆州同，其西昌、昌明、神泉县、西山[47]者，并佳；有过松岭者，不堪采。蜀州青城县生丈人山[48]，与绵州同。青城县有散茶、木茶］，邛州[49]次，雅州、泸州[50]下［雅州百丈山、名山[51]，泸州[52]泸川者，与金州同也］，眉州[53]、汉州[54]又下［眉州丹棱县生铁山者，汉州绵竹县生竹山者[55]，与润州同］。

浙东[56]：以越州[57]上［余姚县生瀑布泉岭，曰仙茗，大者殊异，小者与襄州同］，明州[58]、婺州[59]次［明州鄮县[60]生榆荚村，婺州东阳县东白山[61]，与荆州同］，台州[62]下［台州始丰县[63]生赤城[64]者，与歙州同］。

黔中[65]：生思州、播州、费州、夷州[66]。

江西[67]：生鄂州、袁州、吉州[68]。

岭南[69]：生福州、建州、韶州、象州[70]。［福州生闽方山[71]山阴。］

其思、播、费、夷、鄂、袁、吉、福、建、韶、象十一州未详，往往得之，其味极佳。

【注释】

①山南：唐贞观十道之一。唐贞观元年（627），划全国为十道，道辖郡州，郡辖县。②峡州：又称夷陵郡，治所在今湖北宜昌市。③远安、宜都、夷陵三县：即今湖北远安县、宜都县、宜昌市。④襄州、荆川：襄州，今湖北襄阳；荆州，今湖北荆川市。⑤南漳县：今仍名南漳县。（以下遇古今同名都不再加注）⑥衡州：今湖南衡阳地区。⑦衡山：县治所在今

饼茶

衡阳朱亭镇对岸。⑧金州、梁州：金州，今陕西安康一带；梁州，今陕西汉中一带。⑨西城、安康：西城，今陕西安康市；安康，治所在今安康市城西50里汉水西岸。⑩褒城、金牛：褒城，今汉中褒城镇；金牛，今四川广元一带。⑪淮南：唐贞观十道之一。⑫光州：又称弋阳郡，今河南潢川、光山县一带。⑬义阳郡：今河南信阳市及其周边地区。⑭舒州：又名同安郡，今安徽太湖、安庆一带。⑮义阳县钟山：义阳县，今河南信阳。钟山，在信阳市东18里。⑯太湖县潜山：潜山，在安徽潜山县西北30里。⑰寿州：又名寿春郡，今安徽寿县一带。⑱盛唐县霍山：盛唐县，今安徽六安县。霍山，在今霍山县境。⑲蕲州：又名蕲州郡，今湖北蕲春一带。蕲，读音qí。⑳黄州：又名齐安郡，今湖北黄冈一带。㉑浙西：唐贞观十道之一。㉒湖州：又名吴兴郡，今浙江吴兴一带。㉓长城县：今浙江长兴县。㉔顾渚山：在长兴县西30里。㉕白茅山悬脚岭：在长兴县顾渚山东面。㉖凤亭山：在长兴县西北40里。伏翼阁、飞云寺、曲水寺，都是山里的寺院。㉗啄木岭：在长兴县北60里，山中多啄木鸟。㉘常州：又名晋陵郡，今江苏常州市一带。㉙义兴县：今江苏宜兴县。㉚君山：在宜兴县南20里。㉛圈岭善权寺：善权，相传是尧时隐士。㉜宣州、杭州、睦州、歙州：宣州，又称宣城郡，今安徽宣城、当涂一带。杭州，又名余杭郡，今浙江杭州、余杭一带。睦州，又称新定郡，今浙江建德、桐庐、淳安一带。歙州，又名新安郡，今安徽歙县、祁门一带。㉝雅山：又称鸦山、鸭山、丫山，在宁国市北。㉞上睦、临睦：太平县二乡名。㉟於潜县：现已并入临安市。㊱天目山：又名浮玉山，山脉横亘于浙江西、皖东南边境。㊲钱塘生天竺、灵隐二寺：钱塘县，今浙江杭州市，灵隐寺在市西灵隐山下。天竺寺分上、中、下三寺。下天竺寺在灵隐飞来峰。㊳润州：又称丹阳郡，今江苏镇江、丹阳一带。㊴苏州：又称吴郡，今江苏苏州一带。㊵江宁县生傲山：江宁县在今南京市，傲山在南京市郊。㊶长洲县生洞庭山：长洲县在今苏州市一带，洞庭山是太湖中的一些小岛。㊷剑南：唐贞观十道之一。㊸彭州：又叫濛阳郡，今四川彭州市一带。㊹九陇县、马鞍山至德寺、堋口：九陇县，今彭州市。马鞍山，即今至德山，在鼓城西。堋口，在鼓城西。㊺锦州、蜀州：锦州，又称巴西郡，今四川绵阳、安县一带。蜀州，又称唐安郡，今重庆、四川都江堰市一带。㊻龙安县生松岭关：龙安县，今四川安县。松岭关，在今龙安县西50里。㊼西昌、

昌明、神泉县、西山：西昌，在今四川安县东南花荄镇。昌明，在今四川江油市附近。神泉县，在安县南50里。西山，岷山山脉之一部分。㊽青城县生丈人山：今四川都江堰市南40里，因境内有青城山而得名。丈人山为青城山三十六峰之主峰。㊾邛州：又称临邛郡，今四川邛崃、大邑一带。㊿雅州、泸州：雅州，又称卢山郡，今四川雅安一带。泸州，又称泸川郡，今四川泸州市及其周边。51 百丈山、名山：百丈山，在今四川雅安市名山区东40里。名山，在名山区北。52 泸州：今四川泸县。53 眉州：又名通义郡，今四川眉山、洪雅一带。54 汉州：又称德阳郡，今四川广汉、德阳一带。55 铁山、竹山：铁山，又名铁桶山，在四川丹棱县境内。竹山，即绵竹山，在四川绵竹县境内。56 浙东：浙江东道节度使方镇的简称，节度使驻地浙江绍兴。57 越州：又称会稽郡，今浙江绍兴、嵊州一带。58 明州：又称余姚郡，今浙江宁波、奉化一带。59 婺州：又名东阳郡，今浙江金华、兰溪一带。60 鄮县：今浙江宁波市东南的东钱湖畔。鄮，读音mào。61 东白山：在今浙江东阳市巍山镇北。62 台州：又名临海郡，今浙江临海、天台一带。63 始丰县：今浙江天台县。64 赤城：山名，天台山十景之一。65 黔中：唐开元十五道之一。66 思州、播州、费州、夷州：思州，又称宁夷郡，今贵州沿河一带。播州，又名播川郡，今贵州遵义一带。费州，又称涪川郡，今贵州思南、德江一带。夷州，又名义泉郡，今贵州凤冈、绥阳一带。67 江西：江西团练观察使方镇的简称，观察使驻地在今江西南昌市。68 鄂州、袁州、吉州：鄂州，又称江夏郡，今湖北武昌、黄石一带。袁州，又名宜春郡，今江西省宜春市。吉州，今江西吉安、宁冈一带。69 岭南：唐贞观十道之一。70 福州、建州、韶州、象州：福州，又名长乐郡，今福建福州、莆田一带。建州，又称建安郡，今福建建阳一带。韶州，又名始兴郡，今广东韶关、仁化一带。象州，又称象山郡，今广西象州县一带。⑦1 方山：在福建福州市闽江南岸。

【译文】

山南地区，以峡州出产的茶为上等品［峡州茶生产于远安、宜都、宜昌三县山谷中］，襄州、荆州出产的茶为二等品［襄州茶生产于南漳市山陵，荆州茶生产于江陵县山陵］，衡州出产的茶为三等品［生产于衡山、茶陵二县山谷］，金州、梁州出产的茶为四等品［金州茶生产于安康、汉阴二县山谷。梁州茶生产于褒城、金牛二县山谷］。

淮南地区，以光州出产的茶为上等品［产于光山县黄头港，品质与峡州茶相同］，义阳郡、舒州出产的茶为二等品［产于信阳市钟山，品质与襄州茶相同；舒州茶产于太湖县潜山，品质与荆州茶相同］，寿州出产的茶是三等品［生产于盛唐县霍山，品质与衡州茶相同］，蕲州、黄州出产的茶是四等品［蕲州茶生产于黄梅县山谷，黄州茶生产于麻城市山谷，都与荆州、梁州茶品质相同］。

浙西，以湖州出产的茶为上等品［湖州茶生产于长兴县顾渚山的，与峡州、光州茶品质一样，是一等品；生产于山桑、儒师二寺和白茅山悬脚岭的，与襄州、荆州、义阳郡茶品质一样，是二等品；生产于凤亭山伏翼阁、飞云寺、曲水寺、啄木岭的，品质与寿州、常州茶一样，是三等品；生产于安吉和武康

龙井茶

两县的，与金州、梁州的茶品质一样，是四等品]。常州出产的茶是二等品[常州宜兴县的茶出产在君山悬脚岭北峰下，品质与荆州、义阳郡的茶一样，是二等品；出产于圈岭善权寺和石亭山的茶，品质与舒州的茶相同，也是二等品]。宣州、杭州、睦州、歙州出产的是三等品[宣州的茶出产在宣城市雅山，品质与蕲州的茶一样；出产于太平县上睦、临睦二镇的，品质与黄州的茶一样；杭州临安、於潜二县出产于天目山的，与舒州茶一样，是二等品；钱塘县天竺寺、灵隐寺，睦州桐庐县山陵，歙州婺源县山谷等地出产的茶叶，品质都与衡州茶一样，是三等品]。润州、苏州出产的茶是四等品[润州江宁县产于傲山、苏州长洲县产于西洞庭山的茶叶，都与金州、蕲州、梁州茶品质相同，是四等品]。

剑南地区，以彭州出产的茶为上等品[出产于彭县马鞍山至德寺和堋口的，与襄州茶品质相同，是二等品]，绵州、蜀州出产

武夷山茶园

的茶是二等品［绵州龙安县产于松岭关的茶叶，与荆州茶品质一样，是二等品；西昌、昌明、神泉县西山的茶，品质都非常好，越过松岭以西的，就不值得采摘；蜀州青城县丈人峰产的茶叶品质与绵州茶一样，青城县还产有散茶、木茶］，邛州、雅川、泸州出产的茶，是三等品［雅州百丈山、名山，四川泸县产的茶，品质却与金州茶相同，是四等品］，眉州、汉州出产的茶是四等品［眉州丹棱县出产于铁桶山的、汉州绵竹县产于绵竹山的茶，品质都与润州茶一样，是四等品］。

浙东，以越州出产的茶为上等品［余姚市出产在瀑布泉岭的叫仙茗，叶片大的，品质特别优异，叶片小的，品质与襄州茶相同，是二等品］，明州、婺州出产的茶是二等品［明州出产在鄮县榆荚村的、婺州出产于东阳市东白山的茶，品质与荆州茶相同，是二等品］，台州出产的茶是三等品［台州天台县出产在赤城峰的茶，品质与歙州茶相同］。

黔中的茶出产于思州、播州、费州、夷州。

江西的茶出产于鄂州、袁州、吉州。

岭南的茶出产于福州、建州、韶州、象州。［福州主要产于闽县方山的北坡。］

以上思、播、费、夷、鄂、袁、吉、福、建、韶、象十一州的茶产地和茶叶品质等次并不详细准确。在这些地方采制的茶叶，品尝之后往往感觉非常好。

九、茶之略

【原文】

其造具，若方春禁火之时①，于野寺山园丛手而掇，乃蒸、乃舂，乃复以火干之，则又棨、扑、焙、贯、棚、穿、育等七事皆废。

其煮器，若松间石上可坐，则具列废。用槁薪、鼎钫之属，则风炉、灰承、炭挝、火筴、交床等废。若瞰泉临涧，则水方、涤方、漉水囊废。若五人以下，茶可末而精者，则罗废。若援藟跻岩②，引絙入洞③，于山口炙而末之，或纸包、合贮，则碾、拂末等废。既瓢、碗、筴、札、熟盂、鹾簋悉以一筥盛之，则都篮废。但城邑之中，王公之门，二十四器阙一，则茶废矣。

【注释】

①方春禁火之时：禁火，古时民间习俗，即在清明前一二日禁火三天，吃冷食，叫“寒食节”。②援藟跻岩：藟，读音lěi，藤蔓。跻，读音jī，登、升。③引絙入洞：絙，读音gēng，绳索。

【译文】

准备好制茶所用的器具，如果恰逢在春天寒食节前后，在野外寺院或者山间茶园，大家一起动手采摘，马上蒸青、舂捣，用火烘干，那么，棨、扑、焙、贯、棚、穿、育这七种器具便可以不用。

对煮茶所用的器具而言，如果松林里有石头可以放置，就不需要用器具陈列。如果用干柴鼎锅煮茶，那么风炉、灰承、炭挝、火筴、交床也都可以省去。如果是在泉水旁溪涧侧烹茶，那么水方、涤方、漉水囊也可以不要。如果是五人以下同时旅游，采制的茶芽细嫩而干燥，可以碾成精细的茶末，那么箩就不需再用。如果攀藤上山，拉着绳子进入山洞烹饮，可以先在山下将茶烤好碾成细末，用纸包裹好或用茶盒装储，那么碾和拂末便不必带。假如瓢、碗、筴、札、熟盂、鹾簋等全用一个筥盛装，那么都篮就不需要了。但在城市里，在王公门第，那二十四种烹饮器具缺少一样，都谈不上品茶了。

明·仇英 琴书高隐图

十、茶之图[1]

【原文】

以绢素或四幅，或六幅分布写之，陈诸座隅，则茶之源、之具、之造、之器、之煮、之饮、之事、之出、之略，目击而存[2]，于是《茶经》之始终备焉。

【注释】

① 茶之图：是指把《茶经》中的文字写在素绢上挂起来。
② 目击而存：击，接触，此处作看见讲。俗语有“目击者”。

【译文】

用白色绢子四幅或六幅，分别把以上九章写在上面，张挂在座旁的墙壁上。这样，对茶的起源、制茶工具、茶的采制、烹饮茶具、煮茶方法、茶的饮用、历代茶事、茶叶产地、茶具使用，都会看在眼里，牢记在心里。于是，《茶经》从头到尾便全部可以看清楚了。

《续茶经》为清代陆廷灿著。其目录完全与《茶经》相同，对唐之后的茶事资料收罗宏富，并进行了考辨，虽名为“续”，实是一部完全独立的著述。陆廷灿因此书而被世人称为“茶仙”。

凡　例

《茶经》著自唐桑苎翁，迄今千有余载，不独制作各殊而烹饮迥异，即出产之处亦多不同。余性嗜茶，承乏崇安，适系武夷产茶之地。值制府满公郑重进献，究悉源流，每以茶事下询。查阅诸书，于武夷之外每多见闻，因思采集为《续茶经》之举。曩以簿书鞅掌，有志未遑。及蒙量移奉文赴部，以多病家居，翻阅旧稿，不忍委弃，爰为序次第。恐学术久荒，见闻疏漏，为识者所鄙。谨质之高明，幸有以教

古代制茶图

之，幸甚。

《茶经》之后有《茶记》及《茶谱》《茶录》《茶论》《茶疏》《茶解》等书，不可枚举。而其书亦多湮没无传。兹特采所见各书，依《茶经》之例，分之源、之具、之造、之器、之煮、之饮、之事、之出、之略、之图。至其图无传，不敢臆补，以茶具、茶器图足之。

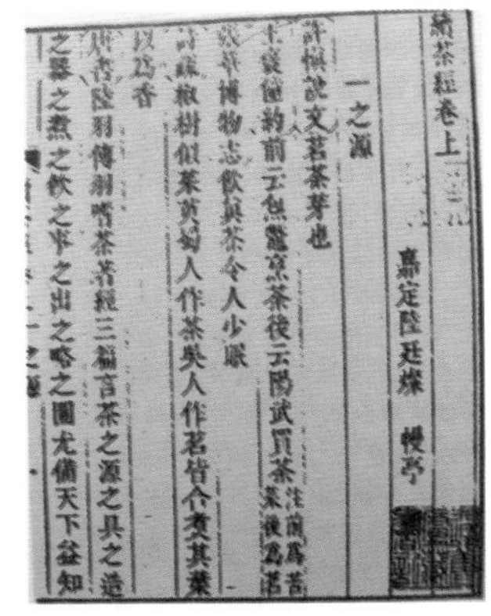
續茶經卷上

嘉定陸廷燦 幔亭

一之源

許慎說文茗茶芽也

王褒僮約前云炰鱉烹茶後云陽武買茶 注前爲苦菜後爲茗

張華博物志飲真茶令人少眠

詩疏椒樹似茱萸蜀人作茶吳人作茗皆合煮其葉以爲香

唐陸羽傳羽嗜茶著經三篇言茶之源之具之造之器之煮之飲之事之出之略之圖尤備天下益知

《续茶经》内页

《茶经》所载，皆初唐以前之书。今自唐、宋、元、明以至本朝，凡有绪论，皆行采录。有其书在前而《茶经》未录者，亦行补入。

《茶经》原本止三卷，恐续者太繁，是以诸书所见，止摘要分录。

各书所引相同者，不取重复。偶有议论各殊者，姑两存之，以俟论定。至历代诗文暨当代名公巨卿著述甚多，因仿《茶经》之例，不敢备录，容俟另编以为外集。

原本《茶经》另列卷首。

历代茶法附后。

一、茶之源

许慎《说文》：茗，茶芽也。

王褒《僮约》：前云“炰鳖烹荼”；后云“武阳买茶”。[注：前为苦菜，后为茗。]

张华《博物志》：饮真茶，令人少眠。

《诗疏》：椒树似茱萸，蜀人作茶，吴人作茗，皆合煮其叶以为香。

《唐书·陆羽传》：羽嗜茶，著《经》三篇，言茶之源、之具、之造、之器、之煮、之饮、之事、之出、之略、之图尤备，天下益知饮茶矣。

《唐六典》：金英、绿片，皆茶名也。

《李太白集·赠族侄僧中孚玉泉仙人掌茶序》：余闻荆州玉泉寺近青溪诸山，山洞往往有乳窟，窟多玉

古人常将“茶”字分解为“人在草木中”，既合情理，又寓意境。

泉交流。中有白蝙蝠，大如鸦。按《仙经》："蝙蝠，一名仙鼠。千岁之后，体白如雪。栖则倒悬，盖饮乳水而长生也。"其水边处处有茗草罗生，枝叶如碧玉。惟玉泉真公常采而饮之，年八十余岁，颜色如桃花，而此茗清香滑熟异于他茗，所以能还童振枯，扶人寿也。余游金陵，见宗僧中孚示余茶数十片，卷然重叠，其状如掌，号为"仙人掌"茶。盖新出乎玉泉之山，旷古未觌。因持之见贻，兼赠诗，要余答之，遂有此作。俾后之高僧大隐，知"仙人掌"茶发于中孚禅子及青莲居士李白也。

《皮日休集·茶中杂咏诗序》：自周以降，及于国朝茶事，竟陵子陆季疵言之详矣。然季疵以前称茗饮者，必浑以烹之，与夫瀹蔬而啜者无异也。季疵之始为《经》三卷，由是分其源，制其具，教其造，设其器，命其煮。俾饮之者除痟而去疠，虽疾医之未若也。其为利也，于人岂小哉？余始得季疵书，以为备矣，后又获其《顾渚山记》二篇，其中多茶事；后又太原温从云、武威段碣之各补茶事十数节，并存于方册。茶之事由周而至于今，竟无纤遗矣。

《封氏闻见记》：茶，南人好饮之，北人初不多饮。开元中，泰山灵岩寺有降魔师，大兴禅教。学禅务于不寐，又不夕食，皆许饮茶。人自怀挟，到

处煮饮。从此转相仿效，遂成风俗。起自邹、齐、沧、棣，渐至京邑，城市多开店铺煎茶卖之，不问道俗，投钱取饮。其茶自江淮而来，色额甚多。

《唐韵》：荼字，自中唐始变作茶。

裴汶《茶述》：茶，起于东晋，盛于今朝。其性精清，其味浩洁，其用涤烦，其功致和。参百品而不混，越众饮而独高。烹之鼎水，和以虎形，人人服之，永永不厌。得之则安，不得则病。彼芝术黄精，徒云上药，致效在数十年后，且多禁忌，非此伦也。或曰：多饮令人体虚病风。余曰：不然。夫物能祛邪，必能辅正，安有蠲逐聚病而靡裨太和哉？今宇内为土贡实众，而顾渚、蕲阳、蒙山为上，其次则寿阳、义兴、碧涧、滠湖、衡山。最下有鄱阳、浮

梁。今者其精无以尚焉，得其粗者，则下里兆庶，瓯碗纷糅；顷刻未得，则胃腑病生矣。人嗜之若此者，西晋以前无闻焉。至精之味或遗也。因作《茶述》。

宋徽宗是著名的文人书画皇帝，对饮茶之道自然也很有研究。

宋徽宗《大观茶论》：茶之为物，擅瓯闽之秀气，钟山川之灵禀。祛襟涤滞，致清导和，则非庸人孺子可得而知矣。冲淡闲洁，韵高致静，则非遑遽之时可得而好尚矣。而本朝之兴，岁修建溪之贡，“龙团”“凤饼”，名冠天下，而壑源之品，亦自此而盛。延及于今，百废俱举，海内宴然，垂拱密勿，幸致无为。缙绅之士，韦布之流，沐浴膏泽，薰陶德化，咸化雅尚相推，从事茗饮。故近岁以来，采择之精，制作之工，品第之胜，烹点之妙，莫不盛造其极。呜呼！至治之世，岂惟人得以尽其材，而草木之灵者，亦得以尽其用矣。偶因暇日，研究精微，所得之妙，后人有不知为利害者，叙本末二十篇，号曰《茶论》。一曰产地，二曰天时，三曰择采，四曰蒸压，五曰制造，六曰鉴别，七曰白茶，八曰罗碾，九曰盏，十曰筅，十一曰瓶，十二曰勺，十三曰水，十四曰点，十五曰味，十六曰香，十七曰色，十八曰藏，十九曰品，二十曰外焙。

名茶各以所产之地，如叶耕之平园、台星岩，叶刚之高峰青凤髓，叶思纯之大风，叶屿之屑山，叶五崇林之罗汉上水桑芽，叶坚之碎石窠、石臼窠［一作六窠］。叶琼、叶辉之秀皮林，叶师复、师贶之虎岩，叶椿之无双岩芽，叶懋之老窠园，各擅其美，未尝混淆，不可概举。焙人之茶，固有前优后劣，昔负今胜者，是以园地之不常也。

丁谓《进新茶表》：右件物产异金沙，名非紫笋。江边地暖，方呈“彼茁”之形，阙下春寒，已发“其甘”之味。有以少为贵者，焉敢韫而藏诸。见谓新茶，实遵旧例。

蔡襄《进茶录表》：臣前因奏事，伏蒙陛下谕，臣先任福建运使日，所进上品龙茶，最为精好。臣退念草木之微，首辱陛下知鉴，若处之得地，则能尽其材。昔陆羽《茶经》，不第建安之

蔡襄辨茶

品；丁谓《茶图》，独论采造之本。至烹煎之法，曾未有闻。臣辄条数事，简而易明，勒成二篇，名曰《茶录》。伏惟清闲之宴，或赐观采，臣不胜荣幸。

欧阳修《归田录》：茶之品，莫贵于龙凤，谓之“团茶”，凡八饼重一斤。庆历中，蔡君谟始造小片龙茶以进，其品精绝，谓之“小团”，凡二十饼重一斤，其价值金二两。然金可有而茶不可得。每因南效致斋，中书、枢密院各赐一饼，四人分之。宫人往往缕金花于其上，盖其贵重如此。

赵汝砺《北苑别录》：草木至夜益盛，故欲导生长之气，以渗雨露之泽。茶于每岁六月兴工，虚其本，培其末，滋蔓之草，遏郁之木，悉用除之，政所以导生长之气而渗雨露之泽也。此之谓开畬。惟桐木则留焉。桐木之性与茶相宜，而又茶至冬则畏寒，桐木望秋而先落，茶至夏而畏日，桐木至春而渐茂。理亦然也。

王辟之《渑水燕谈》：建茶盛于江南，近岁制作尤精，“龙团”最为上品，一斤八饼。庆历中，蔡君谟为福建转运使，始造小团，以充岁贡，一斤二十饼，所谓上品龙茶者也。仁宗尤所珍惜，虽宰相未尝辄赐，惟郊礼致斋之夕，两府各四人，共赐一饼。宫人剪金为龙凤花贴其上。八人分蓄，以为奇玩，不敢自试，有佳客出为传玩。欧阳文忠公云：“茶为物之至精，而小团又其精者也。”嘉祐中，小团初出时也。今小团易得，何至如此多贵？

周辉《清波杂志》：自熙宁后，始贡“密云龙”。每岁头纲修贡，奉宗庙及贡玉食外，赉及臣下无几。戚里贵近丐赐尤繁。宣仁太后令建州不许造“密云龙”，受他人煎炒不得也。此语既传播于缙绅间，由是“密云龙”之名益著。淳熙间，亲党许仲启官苏沙，得《北苑修贡录》，序以刊行。其间载岁贡十有二纲，凡三等，四十有一名。第一纲曰“龙焙贡新”，止五十余镑。贵重如此，独无所谓“密云龙”者。岂以“贡新”易其名耶？抑或别为一种，又居“密云龙”之上耶？

沈存中《梦溪笔谈》：古人论茶，惟言阳羡、顾

作为中国科学史上里程碑式著作的《梦溪笔谈》，对当时茶业的发展也有专业介绍。

渚、天柱、蒙顶之类，都未言建溪。然唐人重串茶粘黑者，则已近乎建饼矣。建茶皆乔木，吴、蜀惟丛茇而已，品自居下。建茶胜处曰郝源、曾坑，其间又有坌根、山顶二品尤胜。李氏号为北苑，置使领之。

胡仔《苕溪渔隐丛话》：建安北苑，始于太宗太平兴国三年，遣使造之，取象于龙凤，以别入贡。至道间，仍添造石乳、蜡面。其后大小龙，又起于丁谓而成于蔡君谟。至宣、政间，郑可简以贡茶进用，久领漕，添续入，其数渐广，今犹因之。

细色茶五纲，凡四十三品，形制各异，共七千余饼，其间贡新、试新、龙团胜雪、白茶、御苑玉芽，此五品乃水拣，为第一；余乃生拣，次之。又有粗色茶七纲，凡五品。大小龙凤并拣芽，悉入龙脑，和膏为团饼茶，共四万余饼。盖水拣茶即社前者，生拣茶即火前者，粗色茶即雨前者。闽中地暖，雨前茶已老而味加重矣。又有石门、乳吉、香口三外焙，亦隶于北苑，皆采摘茶芽，送官焙添造。每岁縻金共二万余缗，日役千夫，凡两月方能迄事。第所造之茶不许过数，入贡之后市无货者，人所罕得。惟壑源诸处私焙茶，其绝品亦可敌官焙，自昔至今，亦皆入贡，其流贩四方者，悉私焙茶耳。北苑在富沙之北，隶建安县，去城二十五里，乃龙焙造贡茶之处，亦名

饮茶过程中所追求的自然、恬淡意境极符合苏轼的脾性，弥漫的茶香总能冲淡阴霾，激起万丈的豪情。

凤凰山。自有一溪，南流至富沙城下，方与西来水合而东。

车清臣《脚气集》：《毛诗》云：“谁谓荼苦，其甘如荠。”注：荼，苦菜也。《周礼》：“掌荼以供丧事。”取其苦也。苏东坡诗云：“周《诗》记苦荼，茗饮出近世。”乃以今茶为荼。夫茶，今人以清头目；自唐以来，上下好之，细民亦日数碗，岂是荼也。茶之粗者是为茗。

宋子安《东溪试茶录序》：茶宜高山之阴，而喜日阳之早。自北苑凤山，南直苦竹园头，东南属张坑头，皆高远先阳处，岁发常早，芽极肥乳，非民间所比。次出壑源岭，高土沃地，茶味甲于诸焙。丁谓亦云：“凤山高不百丈，无危峰绝崦，而冈翠环抱，气势柔秀，宜乎嘉植灵卉之所发也。又以建安茶品甲天下，疑山川至灵之卉，天地始和之气，尽此茶矣。又论石乳出壑岭断崖缺石之间，盖草木之仙骨也。”近蔡公亦云：“惟北苑凤凰山连属诸焙，所产者味佳，故四方以建茶为名，皆曰北苑云。”

黄儒《品茶要录序》：说者尝谓陆羽《茶经》不第建安之品。盖前此茶事未甚兴，灵芽真笋往往委翳消腐而人不知惜。自国初以来，士大夫沐浴膏泽，咏歌升平之日久矣。夫身世洒落，神观冲淡，惟兹茗饮为可喜。园林亦相与摘英夸异，制棬鬻新，以趋时之好。故殊异之品，始得自出于榛莽之间，而其名遂冠天下。借使陆羽复起，阅其金饼，味其云腴，当爽然自失矣。因念草木之材，一有负瑰伟绝特者，未尝不遇时而后兴，况于人乎。

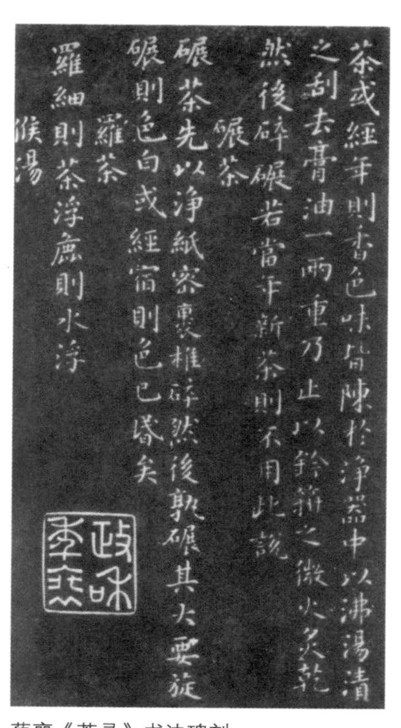

蔡襄《茶录》书法碑刻

苏轼《书黄道辅〈品茶要录〉后》：黄君道辅讳儒，建安人，博学能文，淡然精深，有道之士也。作《品茶要录》十篇，委曲微妙，皆陆鸿渐以来论茶者所未及。非至静无求，虚中不留，乌能察物之情如此其详哉。

《茶录》：茶，古不闻食，自晋、宋已降，吴人采叶煮之，名为“茗粥”。

叶清臣《煮茶泉品》：吴楚山谷之间，气清地灵，草木颖挺，多孕茶荈。大率右于武夷者为白乳，甲于吴兴者为紫笋，产禹穴者以天章显，茂钱塘者以径山稀。至于桐庐之岩，云衢之麓，雅山著于宣、歙，蒙顶传于岷、蜀，角立差胜，毛举实繁。

周绛《补茶经》：芽茶只作早茶，驰奉万乘，尝之可矣。如一旗一枪，可谓奇茶也。

胡致堂曰：茶者，生人之所日用也。其急甚于酒。

陈师道《茶经丛谈》：茶，洪之双井，越之日注，莫能相先后，而强为之第者，皆胜心耳。

陈师道《茶经序》：夫茶之著书自羽始，其用于世亦自羽始，羽诚有功于茶者也。上自宫省，下逮邑里，外及异域遐陬，宾祀燕享，预陈于前；山泽以成市，商贾以起家，又有功于人者也，可谓智矣。《经》曰："茶之否臧，存之口诀。"则书之所载，犹其粗也。夫茶之为艺下矣，至其精微，书有不尽，况天下之至理，而欲求之文字纸墨之间，其有得乎？昔者先王因人而教，同欲而治，凡有益于人者，皆不废也。

吴淑《茶赋》注：五花茶者，其片作五出花也。

姚氏《残语》：绍兴进茶，自高文虎始。

王楙《野客丛书》：世谓古之荼，即今之茶。不知茶有数种，非一端也。《诗》曰“谁谓荼苦，其甘如荠”者，乃苦菜之荼，如今苦苣之类。《周礼》“掌荼”、《毛诗》“有女如荼”者，乃苕荼之荼也，此萑苇之属。惟荼槚之荼，乃今之茶也。世莫知辨。

《魏王花木志》：茶叶似栀，可煮为饮。其老叶谓之荈，嫩叶谓之茗。

《瑞草总论》：唐宋以来有贡茶，有榷茶。夫贡茶，犹知斯人有爱君之心。若夫榷茶，则利归于官，扰及于民，其为害又不一端矣。

元熊禾《勿斋集·北苑茶焙记》贡，古也。茶贡不列《禹贡》《周·职方》而昉于唐，北苑又其最著

明·尤求　园中茗话

者也。苑在建城东二十五里，唐末里民张晖始表而上之。宋初丁谓漕闽，贡额骤益，斤至数万。庆历承平日久，蔡公襄继之，制益精巧，建茶遂为天下最。公名在四谏官列，君子惜之。欧阳公修虽实不与，然犹夸侈歌咏之。苏公轼则直指其过矣。君子创法可继，焉得不重慎也。

《说郛·臆乘》：茶之所产，六经载之详矣，独异美之名未备。唐宋以来，见于诗文者尤夥，颇多疑似，若蟾背、虾须、雀舌、蟹眼、瑟瑟、沥沥、霭霭、鼓浪、涌泉、琉璃眼、碧玉池，又皆茶事中天然偶字也。

《茶谱》：衡州之衡山，封州之西乡，茶研膏为之，皆片团如月。又彭州蒲村堋口，其园有“仙芽”“石花”等号。

明人《月团茶歌序》：唐人制茶碾末，以酥滫为团，宋世尤精，元时其法遂绝。予效而为之，盖得其似，始悟古人咏茶诗所谓“膏油首面”，所谓“佳茗似佳人”，所谓“绿云轻绾湘娥鬟”之句。饮啜之余，因作诗记之，并传好事。

屠本畯《茗笈评》：人论茶叶之香，未知茶花之香。余往岁过友大雷山中，正值花开，童子摘以为供，幽香清越，绝自可人，惜非瓯中物耳。乃予著

《瓶史月表》，以插茗花为斋中清玩。而高濂《盆史》，亦载“茗花足助玄赏”云。

《茗笈赞》十六章：一曰溯源，二曰得地，三曰乘时，四曰揆制，五曰藏茗，六曰品泉，七曰候火，八曰定汤，九曰点瀹，十曰辨器，十一曰申忌，十二曰防滥，十三曰戒淆，十四曰相宜，十五曰衡鉴，十六曰玄赏。

谢肇淛《五杂组》：今茶品之上者，松萝也，虎丘也，罗岕也，龙井也，阳羡也，天池也。而吾闽武夷、清源、彭山三种，可与角胜。六安、雁宕、蒙山三种，祛滞有功而色香不称，当是药笼中物，非文房佳品也。

五雜組卷之一
陳留謝肇淛著
天部一
老子謂有物混成先天地生不知天地未生時
此物寄在甚麼處噫蓋難言之矣天氣也地質
也以質視氣則質爲粗以氣視太極則氣又爲
粗未有天地之時混沌如雞子然雞子雖混沌
其中一團生意包藏其中故雖歷歲時而字之
便能變化成形使天地混沌時無這箇道理

谢肇淛《五杂组》书影

《西吴枝乘》：湖人于茗，不数顾渚，而数罗岕。然顾渚之佳者，其风味已远出龙井。下岕稍清隽，然叶粗而作草气。丁长孺尝以半角见饷，且教余烹煎之法，迨试之，殊类羊公鹤。此余有解有未解也。余尝品茗，以武夷、虎丘第一，淡而远也。松萝、龙井次之，香而艳也。天池又次之，常而不厌也。余子琐琐，勿置齿喙。

屠长卿《考槃余事》：虎丘茶最号精绝，为天下冠，惜不多产，皆为豪右所据，寂寞山家无由获购矣。天池青翠芳馨，啖之赏心，嗅亦消渴，可称仙品。诸山之茶，当为退舍。阳羡俗名罗岕，浙之长兴者佳，荆溪稍下。细者其价两倍天池，惜乎难得，须亲自收采方妙。六安品亦精，入药最效，但不善炒，不能发香而味苦，茶之本性实佳。龙井之山不过数十亩，外此有茶似皆不及。大抵天开龙泓美泉，山灵特生佳茗以副之耳。山中仅有一二家，炒法甚精。近有山僧焙者亦妙，真者天池不能及也。天目为天池、龙井之次，亦佳品也。《地志》云："山中寒气早严，山僧至九月即不敢出。冬来多雪，三月后方通行，其萌芽较他茶独晚。"

包衡《清赏录》：昔人以陆羽饮茶比于后稷树谷，及观韩翃《谢赐茶启》云："吴王礼贤，方闻置茗；晋人爱客，才有分茶。"则知开创之功，非关桑苎老翁也。若云在昔茶勋未普，则比时赐茶已一千五百串矣。

陈仁锡《潜确类书》：紫琳腴、云腴，皆茶名也。茗花白色，冬开似梅，亦清香。[按：冒巢民《岕茶汇

茶园近景

钞》云:“茶花味浊无香，香凝叶内。”二说不同，岂岕与他茶独异欤。]

《农政全书》:六经中无茶，荼即茶也。《毛诗》云:“谁谓荼苦，其甘如荠。”以其苦而味甘也。夫茶灵草也，种之则利溥，饮之则神清。上而王公贵人之所尚，下而小夫贱隶之所不可阙，诚民生食用之所资，国家课利之一助也。

罗廪《茶解》:茶固不宜杂以恶木，惟古梅、丛桂、辛夷、玉兰、玫瑰、苍松、翠竹，与之间植，足以蔽霜雪，掩映秋阳。其下可植芳兰、幽菊清芬之品。最忌菜畦相逼，不免渗漉，滓厥清真。茶地南向为佳，向阴者遂劣。故一山之中，美恶相悬。

李日华《六研斋笔记》:茶事于唐末未甚兴，不过幽人雅士手撷于荒园杂秽中，拔其精英，以荐灵爽，所以饶云露自然之味。至宋设茗纲，充天家玉食，士大夫益复贵之。民间服习寖广，以为不可缺之物。于是营植者拥溉孳粪，等于蔬蔌，而茶亦隤其品味矣。人知鸿渐到处品泉，不知亦到处搜茶。皇甫冉《送羽摄山采茶》诗数言，仅存公案而已。

徐岩泉《六安州茶居士传》:居士姓茶，族氏众多，枝叶繁衍遍天下。其在六安一枝最著，为大宗;阳羡、罗岕、武夷、匡庐之类，皆小宗;蒙山又其别

枝也。

乐思白《雪庵清史》：夫轻身换骨，消渴涤烦，茶荈之功，至妙至神。昔在有唐，吾闽茗事未兴，草木仙骨，尚閟其灵。五代之季，南唐采茶北苑，而茗事兴。迨宋至道初，有诏奉造，而茶品日广。及咸平、庆历中，丁谓、蔡襄造茶进奉，而制作益精。至徽宗大观、宣和间，而茶品极矣。断崖缺石之上，木秀云腴，往往于此露灵。倘微丁、蔡来自吾闽，则种种佳品，不几于委翳消腐哉？虽然，患无佳品耳。其品果佳，即微丁、蔡来自吾闽，而灵芽真笋岂终于委翳消腐乎。吾闽之能轻身换骨，消渴涤烦者，宁独一茶乎？兹将发其灵矣。

冯时可《茶谱》：茶全贵采造，苏州茶饮遍天下，专以采造胜耳。徽郡向无茶，近出松萝，最为时尚。是茶始比丘大方，大方居虎丘最久，得采造法。其后于徽之松萝结庵，采诸山茶，于庵焙制，远迩争市，价忽翔涌。人因称松萝，实非松萝所出也。

胡文焕《茶集》：茶，至清至美物也，世皆不味之，而食烟火者又不足以语此。医家论茶，性寒能伤人脾。独予有诸疾，则必借茶为药石，每深得其功效，噫！非缘之有自，而何契之若是耶！

《群芳谱》：蕲州蕲门团黄，有一旗一枪之号，言

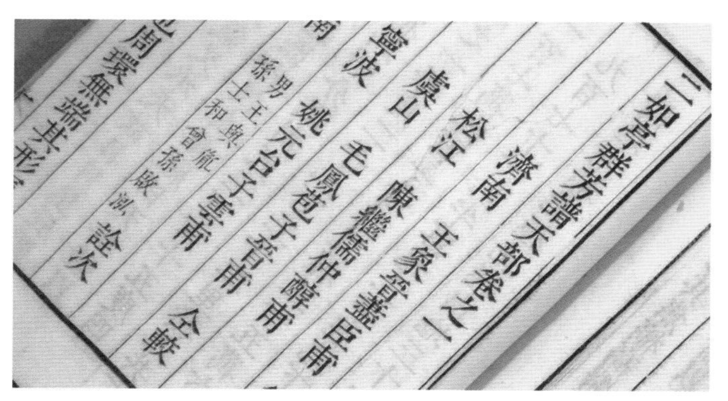
二如亭群芳譜天部卷之一
濟南　王象晉藎臣甫
松江　陳繼儒仲醇甫
虞山　毛鳳苞子晉甫
寧波　姚元台子雲甫
詮次
仝較

《群芳谱》是明代介绍植物栽培的著作，对茶树栽培及相关茶典茶事等多有记载。

一叶一芽也。欧阳公诗有“共约试新茶，旗枪几时绿”之句。王荆公《送元厚之》句云“新茗斋中试一旗”。世谓茶始生而嫩者为一枪，寖大开者为一旗。

鲁彭《刻〈茶经〉序》：夫茶之为经，要矣。兹复刻者，便览尔。刻之竟陵者，表羽之为竟陵人也。按羽生甚异，类令尹子文。人谓子文贤而仕，羽虽贤，卒以不仕。今观《茶经》三篇，固具体用之学者。其曰伊公羹、陆氏茶，取而比之，实以自况。所谓易地皆然者非欤？厥后茗饮之风，行于中外。而回纥亦以马易茶，由宋迄今，大为边助。则羽之功，固在万世，仕不仕奚足论也。

沈石田《书岕茶别论后》：昔人咏梅花云“香中别有韵，清极不知寒”，此惟岕茶足当之。若闽之清源、武夷，吴郡之天池、虎丘，武林之龙井，新安之松萝，匡庐之云雾，其名虽大噪，不能与岕相抗也。顾渚每岁贡茶三十二斤，则岕于国初，已受知遇。施于今，渐远渐传，渐觉声价转重。既得圣人之清，又得圣人之时，蒸、采、烹、洗，悉与古法不同。

李维桢《茶经序》：羽所著《君臣契》三卷，《源解》三十卷，《江表四姓谱》十卷，《占梦》三卷，不尽传，而独传《茶经》，岂他书人所时有，此其觭长，易于取名耶？太史公曰："富贵而名磨灭，不可胜数，惟俶傥非常之人称焉。"鸿渐穷厄终身，而遗书遗迹，百世下宝爱之。以为山川邑里重。其风足以廉顽立懦，胡可少哉。

杨慎《丹铅总录》：茶，即古荼字也。周《诗》记荼苦，《春秋》书齐荼，《汉志》书荼陵。颜师古、陆德明虽已转入茶音，而未易字文也。至陆羽《茶经》、玉川《茶歌》、赵赞《茶禁》以后，遂以荼易茶。

董其昌《茶董题词》：荀子曰："其为人也多暇，其出人也不远矣。"陶通明曰："不为无益之事，何以悦有涯之生。"余谓茗碗之事足当之。盖幽人高士，蝉蜕势利，以耗壮心而送日月。水源之轻重，辨若淄渑；火候之文武，调若丹鼎。非枕漱之侣不亲，非文字之饮不比者也。当今此事，惟许夏茂卿拈出。顾

明 · 丁云鹏 树下人物图

渚、阳羡，肉食者往焉，茂卿亦安能禁。一似强笑不乐，强颜无欢，茶韵故自胜耳。予夙秉幽尚，入山十年，差可不愧茂卿语。今者驱车入闽，念凤团龙饼，延津为瀹，岂必士思，如廉颇思用赵？惟是《绝交书》所谓“心不耐烦，而官事鞅掌”者，竟有负茶灶耳。茂卿能以同味谅吾耶！

董其昌像

童承叙《题陆羽传后》：余尝过竟陵，憩羽故寺，访雁桥，观茶井，慨然想见其为人。夫羽少厌髡缁，笃嗜坟素，本非忘世者。卒乃寄号桑苎，遁迹苕霅，啸歌独行，继以痛哭，其意必有所在。时乃比之接舆，岂知羽者哉。至其性甘茗荈，味辨淄渑，清风雅趣，脍炙今古。张颠之于酒也，昌黎以为有所托而逃，羽亦以是夫。

《谷山笔麈》：茶自汉以前不见于书，想所谓槚者，即是矣。

李贽《疑谓》：古人冬则饮汤，夏则饮水，未有茶也。李文正《资暇录》谓:“茶始于唐崔宁，黄伯思已辨其非，伯思尝见北齐杨子华作《邢子才魏收勘书图》，已有煎茶者。”《南窗记谈》谓:“饮茶始于梁天监中，事见《洛阳伽蓝记》。及阅《吴志·韦曜传》，赐茶荈以当酒，则茶又非始于梁矣。”余谓饮茶亦非始于吴也。《尔雅》曰:“槚，苦荼。”郭璞注:“可以为羹饮。早采为茶，晚采为茗，一名荈。”则吴之前亦以茶作茗矣。第未如后世之日用不离也。盖自陆羽出，茶之法始讲。自吕惠卿、蔡君谟辈出，茶之法始精。而茶之利国家且藉之矣。此古人所不及详者也。

王象晋《茶谱小序》：茶，嘉木也。一植不再移，故婚礼用茶，从一之义也。虽兆自《食经》，饮自隋帝，而好者尚寡。至后兴于唐，盛于宋，始为世重矣。仁宗贤君也，颁赐两府，四人仅得两饼，一人分数钱耳。宰相家至不敢碾试，藏以为宝，其贵重如此。近世蜀之蒙山，每岁仅以两计。苏之虎丘，至官府预为封识，公为采制，所得不过数斤。岂天地间，尤物生固不数数然耶。瓯泛翠涛，碾飞绿屑，不藉云腴，孰驱睡魔？作《茶谱》。

陈继儒《茶董小序》：范希文云:“万象森罗中，安知无茶星。”余以茶星名馆，每与客茗战旗枪，标格天然，色香映发。若陆季疵复生，忍作《毁茶论》

乎？夏子茂卿叙酒，其言甚豪。予曰，何如隐囊纱帽，翛然林涧之间，摘露芽，煮云腴，一洗百年尘土胃耶？热肠如沸，茶不胜酒；幽韵如云，酒不胜茶。酒类侠，茶类隐。酒固道广，茶亦德素。茂卿，茶之董狐也，因作《茶董》。东佘陈继儒书于素涛轩。

夏茂卿《茶董序》：自晋唐而下，纷纷邾莒之会，各立胜场，品别淄渑，判若南董，遂以《茶董》名篇。语曰："穷《春秋》，演河图，不如载茗一车。"诚重之矣。如谓此君面目严冷，而且以为水厄，且以为乳妖，则请效綦毋先生无作此事。冰莲道人识。

明代文学家、书画家陈继儒像

《本草》：石蕊，一名云茶。

卜万祺《松寮茗政》：虎丘茶，色味香韵，无可比拟。必亲诣茶所，手摘监制，乃得真产。且难久贮，即百端珍护，稍过时即全失其初矣。殆如彩云易散，故不入供御耶。但山岩隙地，所产无几，为官司禁据，寺僧惯杂赝种，非精鉴家卒莫能辨。明万历中，寺僧苦大吏需索，薙除殆尽。文文肃公震孟作《薙茶说》以讥之。至今真产尤不易得。

袁了凡《群书备考》：茶之名，始见于王褒《僮约》。

许次杼《茶疏》：唐人首称阳羡，宋人最重建州。于今贡茶，两地独多。阳羡仅有其名，建州亦上品，惟武夷雨前最胜。近日所尚者，为长兴之罗岕，疑即古顾渚紫笋。然岕故有数处，今惟峒山最佳。姚伯道云："明月之峡，厥有佳茗。韵致清远，滋味甘香，足称仙品。其在顾渚亦有佳者，今但以水口茶名之，全与岕别矣。若歙之松萝，吴之虎丘，杭之龙井，并可与岕颉颃。"郭次甫极称黄山，黄山亦在歙，去松萝远甚。往时士人皆重天池，然饮之略多，令人胀满。浙之产曰雁宕、大盘、金华、日铸，皆与武夷相伯仲。钱塘诸山产茶甚多，南山尽佳，北山稍劣。武夷之外，有泉州之清源，倘以好手制之，亦是武夷亚匹。惜多焦枯，令人意尽。楚之产曰宝庆，滇之产曰五华，皆表表有名，在雁茶之上。其他名山所产，当不止此，或余未知，或名未著，故不及论。

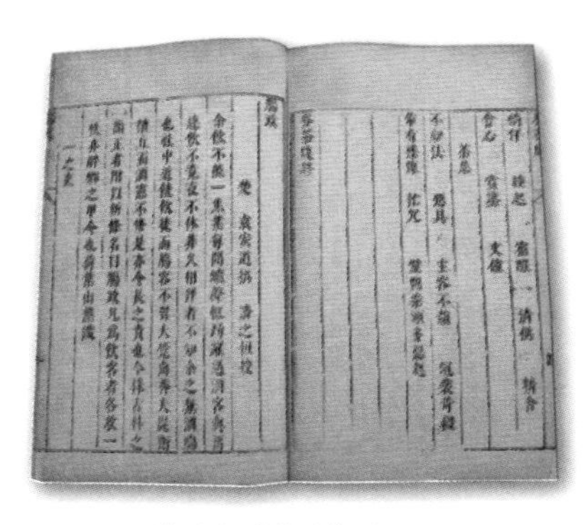

明末清初精刻本《茶疏》内页

李诩《戒庵漫笔》：昔人论茶，以枪旗为美，而不取雀舌、麦颗。盖芽细则易杂他树之叶而难辨耳。枪旗者，犹今称壶蜂翅是也。

《四时类要》：茶子于寒露候收晒干，以湿沙土拌匀，盛筐笼内，穰草盖之，不尔即冻不生。至二月中取出，用糠与焦土种之。于树下或背阴之地开坎，圆三尺，深一尺，熟劚，著粪和土，每坑下子六七十颗，覆土厚一寸许，相离二尺，种一丛。性恶湿，又畏日，大概宜山中斜坡、峻坂、走水处。若平地，须深开沟垄以泄水，三年后方可收茶。

张大复《梅花笔谈》：赵长白作《茶史》，考订颇详，要以识其事而已矣。龙团、凤饼，紫茸、拣芽，决不可用于今之世。予尝论今之世，笔贵而愈失其传，茶贵而愈出其味。天下事，未有不身试而出之者也。

文震亨《长物志》：古今论茶事者，无虑数十家，若鸿渐之《经》，君谟之《录》，可为尽善。然其时法，用熟碾为丸、为挺，故所称有“龙凤团”“小龙团”“密云龙”“瑞云翔龙”。至宣和间，始以茶色白者为贵。漕臣郑可简始创为银丝水芽，以茶剔叶取心，清泉渍之，去龙脑诸香，惟新

辽代备茶壁画

铸小龙蜿蜒其上，称“龙团胜雪”。当时以为不更之法，而吾朝所尚又不同。其烹试之法，亦与前人异。然简便异常，天趣悉备，可谓尽茶之味矣。而至于洗茶、候汤、择器，皆各有法，宁特侈言乌府、云屯等目而已哉。

《虎丘志》：冯梦桢云：“徐茂吴品茶，以虎丘为第一。”

周高起《洞山茶系》：岕茶之尚于高流，虽近数十年中事，而厥产伊始，则自卢仝隐居洞山，种于阴岭，遂有茗岭之目。相传古有汉王者，栖迟茗岭之阳，课童艺茶，踵卢仝幽致，故阳山所产，香味倍胜茗岭。所以老庙后一带茶，犹唐宋根株也。贡山茶今已绝种。

徐𤊹《茶考》：按《茶录》诸书，闽中所产茶，以建安北苑为第一，壑源诸处次之，武夷之名未有闻也。然范文正公《斗茶歌》云：“溪边奇茗冠天下，武夷仙人从古栽。”苏文忠公云：“武夷溪边粟粒芽，前丁后蔡相笼加。”则武夷之茶在北宋已经著名，第未盛耳。但宋元制造团饼，似失正味。今则灵芽仙萼，香色尤清，为闽中第一。至于北苑壑源，又泯然无称。岂山川灵秀之气，造物生殖之美，或有时变易而然乎？

劳大与《瓯江逸志》：按茶非瓯产地，而瓯亦产茶，故旧制以之充贡，及今不废。张罗峰当国，凡瓯中所贡方物，悉与题蠲，而茶独留。将毋以先春之采，可荐馨香，且岁费物力无多，姑存之，以稍备芹献之义耶！乃后世因按办之际，不无恣取，上为一，下为十，而艺茶之圃遂为怨丛。惟愿为官于此地者，不滥取于数外，庶不致大为民病。

《天中记》：凡种茶树必下子，移植则不复生。故俗聘妇，必以茶为礼，义固有所取也。

《事物纪原》：榷茶起于唐建中、兴元之间。赵赞、张滂建议税其什一。

《枕谭》：古传注："茶树初采为茶，老为茗，再老为荈。"今概称茗，当是错用事也。

熊明遇《岕山茶记》：产茶处，山之夕阳胜于朝阳，庙后山西向，故称佳。总不如洞山南向，受阳气特专，足称仙品云。

冒襄《岕茶汇钞》：茶产平地，受土气多，故其质浊。岕茗产于高山，浑是风露清虚之气，故为可尚。

冒襄，字辟疆，明末清初著名文学家。

吴拭云：武夷茶赏自蔡君谟始，谓其味过于北苑龙团，周右文极抑之。盖缘山中不谙制焙法，一味计多徇利之过也。余试采少许，制以松萝法，汲虎啸岩下语儿泉烹之，三德俱备，带云石而复有甘软气。乃分数百叶寄右文，令茶吐气；复酹一杯，报君谟于地下耳。

释超全《武夷茶歌注》：建州一老人始献山茶，死后传为山神，喊山之茶始此。

《中原市语》：茶曰渲老。

陈诗教《灌园史》：予尝闻之山僧言，茶子数颗落地，一茎而生，有似连理，故婚嫁用茶，盖取一本之义。旧传茶树不可移，竟有移之而生者，乃知晁采寄茶，徒袭影响耳。

唐李义山以对花啜茶为杀风景。予苦渴疾，何啻七碗，花神有知，当不我罪。

《金陵琐事》：茶有肥瘦，云泉道人云："凡茶肥者甘，甘则不香。茶瘦者苦，苦则香。"此又《茶经》《茶诀》《茶品》《茶谱》之所未发。

野航道人朱存理云："饮之用必先茶，而茶不见于《禹贡》，盖全民用而不为利。后世榷茶立为制，非古圣意也。陆鸿渐著《茶经》，蔡君谟著《茶谱》。孟谏议寄庐玉川三百月团，后侈至龙凤之饰，责当备于君谟。然清逸高远，上通王公，下逮林野，亦雅道也。”

佩文斋《广群芳谱》：茗花即食茶之花，色月白而黄心，清香隐然，瓶之高斋，可为清供佳品。且蕊在枝条，无不开遍。

王新城《居易录》：广南人以蔃为茶。予顷著之《皇华记闻》。阅《道乡集》有《张纠送吴洞蔃》绝句，云：“茶选修仁方破碾，蔃分吴洞忽当筵。君谟远矣知难作，试取一瓢江水煎。”盖志完迁昭平时作也。

《分甘余话》：宋丁谓为福建转运使，始造“龙凤团”茶上供，不过四十饼。天圣中，又造小团，其品过于大团。神宗时，命造“密云龙”，其品又过于小团。元祐初，宣仁皇太后曰：“指挥建州，今后更不许造‘密云龙’，亦不要团茶，拣好茶吃了，生得甚好意智。”宣仁改熙宁之政，此其小者。顾其言，实可为万世法。士大夫家，膏粱子弟，尤不可不知也。谨备录之。

《百夷语》：茶曰芽。以粗茶曰芽以结，细茶曰芽以完。缅甸夷语，茶曰腊扒，吃茶曰腊扒仪索。

徐葆光《中山传信录》：琉球呼茶曰札。

《武夷茶考》：按丁谓制“龙团”，蔡忠惠制“小龙团”，皆北苑事。其武夷修贡，自元时浙省平章高兴始，而谈者辄称丁、蔡。苏文忠公诗云：“武夷溪边

明·陈洪绶 梅水烹茶有好怀

粟粒芽，前丁后蔡相笼加。”则北苑贡时，武夷已为二公赏识矣。至高兴武夷贡后，而北苑渐至无闻。昔人云，茶之为物，涤昏雪滞，于务学勤政未必无助，其与进荔枝、桃花者不同。然充类至义，则亦宦官、宫妾之爱君也。忠惠直道高名，与范、欧相亚，而进茶一事乃侪晋公。君子举措，可不慎欤。

《随见录》：按沈存中《笔谈》云：“建茶皆乔木。吴、蜀惟丛茇而已。”以余所见，武夷茶树俱系丛茇，初无乔木，岂存中未至建安欤？抑当时北苑与此日武夷有不同欤？《茶经》云“巴山、峡川有两人合抱者”，又与吴、蜀丛茇之说互异。姑识之以俟参考。

《万姓统谱》载：汉时人有荼恬，出《江都易王传》。按《汉书》：荼恬［苏林曰，荼，食邪反］，则荼本两音，至唐而荼、茶始分耳。

焦氏《说楛》：茶曰玉茸。［补］

二、茶之具

《陆龟蒙集·和茶具十咏》

茶　坞

茗地曲隈回，野行多缭绕。

向阳就中密，背涧差还少。

遥盘云髻慢，乱簇香篝小。

何处好幽期，满岩春露晓。

茶　人

天赋识灵草，自然钟野姿。

闲来北山下，似与东风期。

雨后探芳去，云间幽路危。

唯应报春鸟，得共斯人知。

茶　笋

所孕和气深，时抽玉笤短。

轻烟渐结华，嫩蕊初成管。

寻来青霭曙，欲去红云暖。

秀色自难逢，倾筐不曾满。

茶　籯

金刀劈翠筠，织似波纹斜。

制作自野老，携持伴山娃。

昨日斗烟粒，今朝贮绿华。

争歌调笑曲，日暮方还家。

茶　舍

旋取山上材，架为山下屋。

门因水势斜，壁任岩隈曲。

朝随鸟俱散，暮与云同宿。

不惮采掇劳，只忧官未足。

茶　灶

[经云:“灶无突”]。

无突抱轻岚，有烟映初旭。

盈锅玉泉沸，满甑云芽熟。

奇香袭春桂，嫩色凌秋菊。

炀者若吾徒，年年看不足。

茶　焙

左右捣凝膏，朝昏布烟缕。

方圆随样拍，次第依层取。

山谣纵高下，火候还文武。

见说焙前人，时时炙花脯。[紫花，焙人以花为脯。]

茶　鼎

新泉气味良，古铁形状丑。

那堪风雨夜，更值烟霞友。

曾过赪石下，又住清溪口。[赪石、清溪，皆江南出茶处。]

且共荐皋庐 [皋庐，茶名]，何劳倾斗酒。

茶　瓯

昔人谢坻埞，徒为妍词饰。[《刘孝威集》有《谢坻埞启》。]

岂如圭璧姿，又有烟岚色。

光参筠席上，韵雅金罍侧。

直使于阗君，从来未尝识。

煮　茶

闲来松间坐，看煮松上雪。

时于浪花里，并下蓝英末。

倾余精爽健，忽似氛埃灭。

不合别观书，但宜窥玉札。

《皮日休集·茶中杂咏·茶具》

茶　籝

筤篣晓携去，蓦过山桑坞。

开时送紫茗，负处沾清露。

歇把傍云泉，归将挂烟树。

满此是生涯，黄金何足数。

茶　灶

高山茶事动，灶起岩根傍。

水煮石发气，薪燃杉脂香。

青琼蒸后凝，绿髓炊来光。

如何重辛苦，一一输膏粱。

茶　焙

凿彼碧岩下，恰应深二尺。

泥易带云根，烧难碍石脉。

初能燥金饼，渐见干琼液。

九里共杉林［皆焙名］，相望在山侧。

茶　鼎

龙舒有良匠，铸此佳样成。

立作菌蠢势，煎为潺湲声。

草堂暮云阴，松窗残月明。

此时勺复茗，野语知逾清。

茶　瓯

邢客与越人，皆能造前器。

圆似月魂堕，轻如云魄起。

枣花势旋眼，蘋沫香沾齿。

松下时一看，支公亦如此。

《江西志》：余干县冠山有陆羽茶灶。羽尝凿石为灶，取越溪水煎茶于此。

陶穀《清异录》：豹革为囊，风神呼吸之具也。煮茶啜之，可以涤滞思而起清风。每引此义，称之为水豹囊。

《曲洧旧闻》：范蜀公与司马温公同游嵩山，各携茶以行。温公取纸为帖，蜀公用小木合子盛之，温公见而惊曰："景仁乃有茶具也。"蜀公闻其言，留合与寺僧而去。后来士大夫茶具，精丽极世间之工巧，而心犹未厌。晁以道尝以此语客，客曰："使温公见今日之茶具，又不知云如何也。"

《北苑贡茶别录》：茶具有银模、银圈、竹圈、铜圈等。

梅尧臣《宛陵集·茶灶》诗：山寺碧溪头，幽人绿岩畔。夜火竹声干，春瓯茗花乱。兹无雅趣兼，薪桂烦燃爨。又《茶磨》诗云：楚匠斫山骨，折檀为转脐。乾坤人力内，日月蚁行迷。又有《谢晏太祝遗双井茶五品茶具四枚》诗。

《武夷志》：五曲朱文公书院前，溪中有茶灶。文公诗云："仙翁遗石灶，宛在水中央。饮罢方舟去，茶烟袅细香。"

《群芳谱》：黄山谷云："相茶瓢与相筇竹同法，

不欲肥而欲瘦，但须饱风霜耳。”

乐纯《雪庵清史》：陆叟溺于茗事，尝为《茶论》，并煎炙之法，造茶具二十四事，以都统笼贮之。时好事者家藏一副，于是若韦鸿胪、木待制、金法曹、石转运、胡员外、罗枢密、宗从事、漆雕秘阁、陶宝文、汤提点、竺副帅、司职方辈，皆入吾篇中矣。

许次杼《茶疏》：凡士人登山临水，必命壶觞，若茗碗薰炉，置而不问，是徒豪举耳。余特置游装，精茗名香，同行异室。茶罂、铫、注、瓯、洗、盆、巾诸具毕备，而附香奁、小炉、香囊、匙、箸……未曾汲水，先备茶具，必洁，必燥。瀹时壶盖必仰置，磁盂勿覆案上。漆气、食气，皆能败茶。

朱存理《茶具图赞序》：饮之用必先茶，而制茶必有其具。赐具姓而系名，宠以爵，加以号，季宋之弥文；然精逸高远，上通王公，下逮林野，亦雅道也。愿与十二先生周旋，尝山泉极品以终身，此间富贵也，天岂靳乎哉！

审安老人茶具十二先生姓名：

韦鸿胪丈鼎：景旸，四窗闲叟。

木待制利济：忘机，隔竹主人。

金法曹研古：元锴，雍之旧民。

铄古：仲鉴，和琴先生。

石转运凿齿：遄行，香屋隐君。

胡员外惟一：宗许，贮月仙翁。

罗枢密若药：传师，思隐寮长。

宗从事子弗：不遗，扫云溪友。

漆雕秘阁承之：易持，古台老人。

陶宝文去越：自厚，兔园上客。

汤提点发新：一鸣，温谷遗老。

竺副帅善调：希默，雪涛公子。

司职方成式：如素，洁斋居士。

西汉·彩绘云凤纹漆盂

高濂《遵生八笺》：茶具十六事，收贮于器局内，供役于苦节君者，故立名管之。盖欲归统于一，以其素有贞心雅操，而自能守之也。商像，古石鼎也，用以煎茶。降红，铜火箸也，用以簇火，不用联索为便。递火，铜火斗也，用以搬火。团风，素竹扇也，用以发火。分盈，挹水勺也，用以量水斤两，即《茶经》水则也。执权，准茶秤也，用以衡茶，每勺水二斤，用茶一两。注春，磁瓦壶也，用以注茶。啜香，磁瓦瓯也，用以啜茗。撩云，竹茶匙也，用以取果。纳敬，竹茶橐也，用以放盏。漉尘，洗茶篮也，用以浣茶。归洁，竹筅帚也，用以涤壶。受污，拭抹布也，用以洁瓯。静沸，竹架，即《茶经》支镀也。运锋，剿果刀也，用以切果。甘钝，木砧墩也。

《王友石谱》：竹炉并分封茶具六事：苦节君，湘竹风炉也，用以煎茶，更有行省收藏之。建城，以箬为笼，封茶以贮庋阁。云屯，磁瓦瓶，用以勺泉以供煮水。水曹，即瓷缸瓦缶，用以贮泉以供火鼎。乌府，以竹为篮，用以盛炭，为煎茶之资。器局，编竹为方箱，用以总收以上诸茶具者。品司，编竹为圆撞提盒，用以收贮各品茶叶，以待烹品者也。

屠赤水《茶笺》：茶具：湘筠焙，焙茶箱也。鸣泉，煮茶瓷罐。沉垢，古茶洗。合香，藏日支茶瓶，以贮司品者。易持，用以纳茶，即漆雕秘阁。

屠隆《考槃余事》：构一斗室相傍书斋，内设茶具，教一童子专主茶役，以供长日清谈，寒宵兀坐。此幽人首务，不可少废者。

《灌园史》：卢廷璧嗜茶成癖，号茶庵。尝蓄元僧讵可庭茶具十事，具衣冠拜之。

王象晋《群芳谱》：闽人以粗瓷胆瓶贮茶。近鼓山支提新茗出，一时尽学新安，制为方圆赐具，遂觉神采奕奕不同。

冯可宾《岕茶笺・论茶具》：茶壶，以窑器为上，锡次之。茶杯汝、官、哥、定如未可多得，则适意为

明·文徵明 惠山茶会图

佳耳。

李日华《紫桃轩杂缀》：昌化茶大叶如桃枝柳梗，乃极香。余过逆旅偶得，手摩其焙甑三日，龙麝气不断。

臞仙云：古之所有茶灶，但闻其名，未尝见其物，想必无如此清气也。予乃陶土粉以为瓦器，不用泥土为之，大能耐火。虽猛焰不裂。径不过尺五，高不过二尺余，上下皆镂铭、颂、箴戒之。又置汤壶于上，其座皆空，下有阳谷之穴，可以藏瓢瓯之具，清气倍常。

《重庆府志》：涪江青礞石为茶磨极佳。

《南安府志》：崇义县出茶磨，以上犹县石门山石为之尤佳。苍磬缜密，镌琢堪施。

闻龙《茶笺》：茶具涤毕，覆于竹架，俟其自干为佳。其拭巾只宜拭外，切忌拭内。盖布帨虽洁，一经人手极易作气。纵器不干，亦无大害。

三、茶之造

《唐书》：太和七年正月，吴蜀贡新茶，皆于冬中作法为之。上务恭俭，不欲逆物性，诏所在贡茶，宜于立春后造。

《北堂书钞》:《茶谱》续补云：龙安造骑火茶，最为上品。骑火者，言不在火前，不在火后作也。清明改火，故曰火。

《大观茶论》：茶工作于惊蛰，尤以得天时为急。轻寒英华渐长，条达而不迫，茶工从容致力，故其色味两全。故焙人得茶天为度。

撷茶以黎明，见日则止。用爪断芽，不以指揉。凡芽如雀舌谷粒者，为斗品。一枪一旗为拣芽，一枪二旗为次之，余斯为下。茶之始芽萌，则有白合，不去害茶味。既撷则有乌蒂，不去害茶色。

茶之美恶，尤系于蒸芽、压黄之得失。蒸芽欲及熟而香，压黄欲膏尽亟止。如此则制造之功十得八九矣。

涤芽惟洁，濯器惟净，蒸压惟其宜，研膏惟熟，焙火惟良。造茶先度日晷之长短，均工力之众寡，会

古代采茶制茶等生产生活场景图

采择之多少，使一日造成，恐茶过宿，则害色味。

茶之范度不同，如人之有首面也。其首面之异同，难以概论。要之，色莹彻而不驳，质缜绎而不浮，举之凝结，碾之则铿然，可验其为精品也。有得于言意之表者。

白茶自为一种，与常茶不同。其条敷阐，其叶莹薄。崖林之间，偶然生出，有者不过四五家，生者不过一二株，所造止于二三镑而已。须制造精微，运度得宜，则表里昭澈，如玉之在璞，他无与伦也。

蔡襄《茶录》：茶味主于甘滑，惟北苑、凤凰山连属诸焙，所造者味佳。隔溪诸山，虽及时加意制作，色味皆重，莫能及也。又有水泉不甘，能损茶味，前世之论水品者以此。

《东溪试茶录》：建溪茶比他郡最先，北苑、壑源者尤早。岁多暖则先惊蛰十日即芽；岁多寒则后惊蛰五日始发。先芽者，气味俱不佳，惟过惊蛰者为第一。民间常以惊蛰为候。诸焙后北苑者半月，去远则益晚。

凡断芽必以甲，不以指。以甲则速断不柔，以指则多湿易损。择之必精，濯之必洁，蒸之必香，火之必良，一失其度，俱为茶病。

芽择肥乳，则甘香而粥面著盏而不散。土瘠而芽短，则云脚涣乱，去盏而易散。叶梗长，则受水鲜白；叶梗短，则色黄而泛。乌蒂、白合，茶之大病。不去乌蒂，则色黄黑而恶。不去白合，则味苦涩。蒸芽必熟，去膏必尽。蒸芽未熟，则草木气存。去膏未尽，则色浊而味重。受烟则香夺，压黄则味失，此皆茶之病也。

《北苑别录》：御园四十六所，广袤三十余里。自官平而上为内园，官坑而下为外园。方春灵芽萌坼，先民焙十余日，如九窠、十二陇、龙游窠、小苦竹、张坑、西际，又为禁园之先也。而石门、乳吉、香口三外焙，常后北苑五七日兴工。每日采茶、蒸榨，以其黄悉送北苑并造。

造茶旧分四局。匠者起好胜之心，彼此相夸，不能无弊，遂并而为二焉。故茶堂有东局、西局之名，茶銙有东作、西作之号。凡茶之初出研盆，荡之欲其匀，揉之欲其腻，然后入圈制銙，随笪过黄有方。故銙有花銙，有大龙，有小龙，品色不同，其名亦异，随纲系之于贡茶云。

采茶之法，须是侵晨，不可见日。晨则夜露未晞，茶芽肥润。见日则为阳气所薄，使芽之膏腴内耗，至受水而不鲜明。故每日常以五更挝鼓集群夫于凤凰山［山有伐鼓亭，日役采夫二百二十二人］，监采官人给一牌，入山至辰刻，则复鸣锣以聚之，恐其逾时贪多务得也。大抵采茶亦须习熟，募夫之际必择土著及谙晓之人，非特识茶发早晚所在，而于采摘亦知其指要耳。

本图为古代制茶的场景，三人各司其职，皆专心致志，一丝不苟，突显一种恬适的工作氛围。

茶有小芽，有中芽，有紫芽，有白合，有乌蒂，不可不辨。小芽者，其小如鹰爪。初造龙团胜雪、白茶，以其芽先次蒸熟，置之水盆中，剔取其精英，仅如针小，谓之水芽，是小芽中之最精者也。中芽，古谓之一枪二旗是也。紫芽，叶之紫者也。白合，乃小芽有两叶抱而生者是也。乌蒂，茶之带头是也。凡茶，以水芽为上，小芽次之，中芽又次之。紫芽、白合、乌蒂，在所不取。使其择焉而精，则茶之色味无不佳。万一杂之以所不取，则首面不均，色浊而味重也。

惊蛰节万物始萌。每岁常以前三日开焙，遇闰则后之，以其气候少迟故也。

蒸芽再四洗涤，取令洁净，然后入甑，俟汤沸蒸之。然蒸有过熟之患，有不熟之患。过熟则色黄而味淡，不熟则色青而易沉，而有草木之气。故惟以得中为当。

茶既蒸熟，谓之茶黄，须淋洗数过［欲其冷也］，方入小榨，以去其水，又入大榨，以出其膏［水芽则以高榨压之，以其芽嫩故也］。先包以布帛，束以竹皮，然后入大榨压之，至中夜取出揉匀，复如前入榨，谓之翻榨。彻晓奋击，必至于干净而后已。盖建茶之味远而力厚，非江茶之比。江茶畏沉其膏，建茶惟恐其膏之不尽。膏不尽则色味重浊矣。

茶之过黄，初入烈火焙之，次过沸汤爁之，凡如是者三，而后宿一火，至翌日，遂过烟焙之，火不欲烈，烈则面泡而色黑。又不欲烟，烟则香尽而味焦。但取其温温而已。凡火之数多寡，皆视其銙之厚薄。銙之厚者，有十火至于十五火；銙之薄者，六火至于八火。火数既足，然后过汤上出色。出色之后，置之密室，急以扇扇之，则色泽自然光莹矣。

研茶之具，以柯为杵，以瓦为盆，分团酌水，亦皆有数。上而胜雪，白茶以十六水，下而拣芽之水六，小龙凤四，大龙凤二，其余皆一十二焉。自十二水而上，曰研一团，自六水而下，曰研三团至七团。每水研之，必至于水干茶熟而后已。水不干，则茶不熟，茶不熟，则首面不匀，煎试易沉。故研夫尤贵于强有力者也。尝谓天下之理，未有不相须而成者。有北苑之芽，而后有龙井之水。龙井之水清而且甘，昼夜酌之而不竭，凡茶自北苑上者皆资焉。此亦犹锦之于蜀江，胶之于阿井也，讵不信然。

姚宽《西溪丛语》：建州龙焙面北，谓之北苑。有一泉极清淡，谓之御泉。用其池水造茶，即坏茶味。惟龙团胜雪、白茶二种，谓之水芽，先蒸后拣。每一芽先去外两小叶，谓乌蒂；又次取两嫩叶，谓之白合；留小心芽置于水中，呼为水芽。聚之稍多，即研焙为二品，即龙团胜雪、白茶也。茶之极精好者，无出于此。每銙计工价近二十千，其他皆先拣而后蒸研，其味次第减也。茶有十纲，第一纲第二纲太嫩，第三纲最妙，自六纲至十纲，小团至大团而止。

黄儒《品茶要录》：茶事起于惊蛰前，其采芽如鹰爪。初造曰试焙，又曰一火，其次曰二火。二火之茶，已次一火矣。故市茶芽者，惟伺出于三火前者为最佳。尤喜薄寒气候，阴不至冻。芽登时尤畏霜，有造于一火二火者皆遇霜，而三火霜霁，则三火之茶胜矣。晴不至于暄，则谷芽含养约勒而滋长有渐，采工亦优为矣。凡试时泛色鲜白，隐于薄雾者，得于佳时而然也。有造于积雨者，其色昏黄，或气候暴暄，茶芽蒸发，采工汗手熏渍，拣摘不洁，则制造虽多，皆为常品矣。试时色非鲜白，水脚微红者，过时之病也。

茶芽初采，不过盈筐而已，趋时争新之势然也。既采而蒸，既蒸而研。

蒸或不熟，虽精芽而所损已多。试时味作桃仁气者，不熟之病

待加工的鲜茶叶

也。惟正熟者味甘香。

蒸芽以气为候，视之不可以不谨也。试时色黄而粟纹大者，过熟之病也。然过熟愈于不熟，以甘香之味胜也。故君谟论色，则以青白胜黄白。而余论味，则以黄白胜青白。

茶，蒸不可以逾久，久则过熟，又久则汤干而焦釜之气出。茶工有泛薪汤以益之，是致熏损茶黄。故试时色多昏黯，气味焦恶者，焦釜之病也。〔建人谓之热锅气〕

夫茶本以芽叶之物就之棬模。既出棬，上笪焙之，用火务令通彻，即以灰覆之，虚其中，以透火气。然茶民不喜用实炭，号为冷火。以茶饼新湿，急欲干以见售，故用火常带烟焰。烟焰既多，稍失看候，必致熏损茶饼。试时其色皆昏红，气味带焦者，伤焙之病也。

茶饼先黄而又如阴润者，榨不干也。榨欲尽去其膏，膏尽则有如干竹叶之意。惟喜饰首面者，故榨不欲干，以利易售。试时色虽鲜白，其味带苦者，渍膏之病也。

茶色清洁鲜明，则香与味亦如之。故采佳品者，常于半晓间冲蒙云雾而出，或以瓷罐汲新泉悬胸臆间，采得即投于中，盖欲其鲜也。如或日气烘烁，茶芽暴长，工力不给，其采芽已陈而不及蒸，蒸而不及研，研或出宿而后制，试时色不鲜明，薄如坏卵气者，乃压黄之病也。

茶之精绝者曰斗，曰亚斗，其次拣芽。茶芽，斗品虽最上，园户或止一株，盖天材间有特异，非能皆然也。且物之变势无常，而人之耳目有尽，故造斗品之家，有昔优而今劣、前负而后胜者。虽人工有至有不至，亦造化推移不可得而擅也。其造，一火曰斗，二火曰亚斗，不过十数銙而已。拣芽则不然，遍园陇中择其精英者耳。其或贪多务得，又滋色泽，往往以白合盗叶间之。试时色虽鲜白，其味涩淡者，间白合盗叶之病也。[一凡鹰爪之芽，有两小叶抱而生者，白合也。新条叶之初生而白者，盗叶也。造拣芽者，只剔取鹰爪，而白合不用，况盗叶乎。]物固不可以容伪，况饮食之物，尤不可也。故茶有入他草者，建人号为入杂。銙列入柿叶，常品入桴槛叶，二叶易致，又滋色泽，园民欺售直而为之。试时无粟纹甘香，盏面浮散，隐如微毛，或星星如纤絮者，入杂之病也。善茶品者，侧盏视之，所入之多寡，从可知矣。向上下品有之，近虽銙列，亦或勾使。

《万花谷》：龙焙泉在建安城东凤凰山，一名御泉。北苑造贡茶，社前芽细如针。用此水研造，每片计工直钱四万分。试其色如乳，乃最精也。

《文献通考》：宋人造茶有二类，曰片，曰散。片者即龙团旧法，散者则不蒸而干之，如今时之茶也。始知南渡之后，茶渐以不蒸为贵矣。

《学林新编》：茶之佳者，造在社前；其次火前，谓寒食前也；其下则雨前，谓谷雨前也。唐僧齐己诗曰："高人爱惜藏岩里，白甄封题寄火前。"其言火前，盖未知社前之为佳也。唐人于茶，虽有陆羽《茶经》，而持论未精。至本朝蔡君谟《茶录》，则持论精矣。

《文献通考》内页

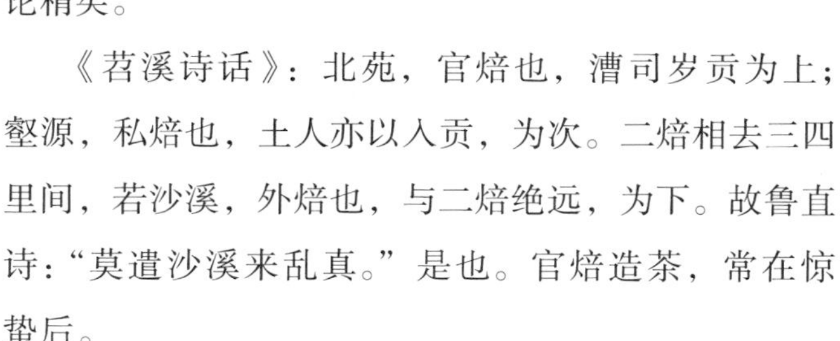

《苕溪诗话》：北苑，官焙也，漕司岁贡为上；壑源，私焙也，土人亦以入贡，为次。二焙相去三四里间，若沙溪，外焙也，与二焙绝远，为下。故鲁直诗："莫遣沙溪来乱真。"是也。官焙造茶，常在惊蛰后。

朱翌《猗觉寮记》：唐造茶与今不同，今采茶者得芽即蒸熟焙干，唐则旋摘旋炒。

刘梦得《试茶歌》："自傍芳丛摘鹰嘴，斯须炒成满室香。”又云：“阳崖阴岭各不同，未若竹下莓苔地。”竹间茶最佳。

《武夷志》：通仙井在御茶园，水极甘洌，每当造茶之候，则井自溢，以供取用。

《金史》：泰和五年春，罢造茶之防。

张源《茶录》：茶之妙，在乎始造之精，藏之得法，点之得宜。优劣定于始铛，清浊系乎末火。

火烈香清，铛寒神倦。火烈生焦，柴疏失翠。久延则过熟，速起却还生。熟则犯黄，生则著黑。带白点者无妨，绝焦点者最胜。

藏茶切勿临风近火。临风易冷，近火先黄。其置顿之所，须在时时坐卧之处，逼近人气，则常温而不寒。必须板房，不宜土室。板房温燥，土室潮蒸。又要透风，勿置幽隐之处，不惟易生湿润，兼恐有失检点。

谢肇淛《五杂俎》：古人造茶，多舂令细，末而蒸之。唐诗“家僮隔竹敲茶臼”是也。至宋始用碾。若揉而焙之，则本朝始也。但揉者，恐不及细末之耐藏耳。

今造团之法皆不传，而建茶之品，亦远出吴会诸品下。其武夷、清源二种，虽与上国争衡，而所产不多，十九赝鼎，故遂令声价靡复不振。

闽之方山、太姥、支提，俱产佳茗，而制造不如法，故名不出里闬。予尝过松萝，遇一制茶僧，询其法，曰：“茶之香，原不甚相远，惟焙之者火候极难调耳。茶叶尖者太嫩，而蒂多老。至火候匀时，尖者已焦，而蒂尚未熟。二者杂之，茶安得佳？”制松萝者，每叶皆剪去其尖蒂，但留中段，故茶皆一色。而工力烦矣，宜其价之高也。闽人急于售利，每斤不过百钱，安得费工如许？若价高，即无市者矣。故近来建茶所以不振也。

罗廪《茶解》：采茶制茶，最忌手汗、体膻、口臭、多涕、不洁之人及月信妇人，更忌酒气。盖茶酒性不相入，故采茶制茶，切忌沾醉。

茶性淫，易于染著，无论腥秽及有气息之物不宜

近，即名香亦不宜近。

许次杼《茶疏》：岕茶非夏前不摘。初试摘者，谓之开园，采自正夏，谓之春茶。其地稍寒，故须待时，此又不当以太迟病之。往时无秋日摘者，近乃有之。七八月重摘一番，谓之早春。其品甚佳，不嫌少薄。他山射利，多摘梅茶，以梅雨时采故名。梅茶苦涩，且伤秋摘，佳产戒之。

茶初摘时，香气未透，必借火力以发其香。然茶性不耐劳，炒不宜久。多取入铛，则手力不匀。久于铛中，过熟而香散矣。炒茶之铛，最忌新铁。须预取一铛以备炒，毋得别作他用。一说惟常煮饭者佳，既无铁腥，亦无脂腻。炒茶之薪，仅可树枝，勿用干叶。干则火力猛炽，叶则易焰、易灭。铛必磨洗莹洁，旋摘旋炒。一铛之内，仅可四两，先用文火炒软，次加武火催之。手加木指，急急炒转，以半熟为度，微俟香发，是其候也。

清明太早，立夏太迟，谷雨前后，其时适中。若再迟一二日，待其气力完足，香烈尤倍，易于收藏。

藏茶于庋阁，其方宜砖底数层，四围砖砌，形若火炉，愈大愈善，勿近土墙。顿瓮其上，随时取灶下火灰，候冷簇于瓮傍。半尺以外，仍随时取火灰簇之，令里灰常燥，以避风湿。却忌火气入瓮，盖能黄茶耳。日用所须，贮于小瓷瓶中者，亦当箬包苎扎，勿令见风。且宜置于案头，勿近有气味之物，亦不可用纸包。盖茶性畏纸，纸成于水中，受水气多也。纸裹一夕既，随纸作气而茶味尽矣。虽再焙之，少顷即润。雁宕诸山之茶，首坐此病。纸帖贻远，安得复佳。

茶之味清，而性易移，藏法喜温燥而恶冷湿，喜清凉而恶郁蒸，宜清触而忌香惹。藏用火焙，不可日晒。世人多用竹器贮茶，虽加箬叶拥护，然箬性峭劲，不甚伏帖，风湿易侵。至于地炉中顿放，万万不可。人有以竹器盛茶，置被笼中，用火即黄，除火即润。忌之！忌之！

闻龙《茶笺》：尝考《经》言茶焙甚详。愚谓今人不必全用此法。予构一焙室，高不逾寻，方不及丈，纵广正等。四围及顶绵纸密糊，无小罅隙，置三四火缸于中，安新竹筛于缸内，预洗新麻布一片以衬之。散所炒茶于筛上，阖户而焙。上面不可覆盖，以茶叶尚润，一覆则气闷罨黄，须焙二三时，俟润气既尽，然后覆以竹箕。焙极干出缸，待冷，入器收藏。后再焙，亦用此法，则香色与味犹不致大减。

诸名茶，法多用炒，惟罗岕宜于蒸焙，味真蕴藉，世竞珍之。即顾渚、阳羡，密迩洞山，不复仿此。想此法偏宜于岕，未可概施诸他茗也。然《经》已云，“蒸之焙之”，则所从来远矣。

吴人绝重岕茶，往往杂以黑箬，大是阙事。余每藏茶，必令樵青入山采竹箭箬，拭净烘干，护罂四周，半用剪碎拌入茶中。经年发覆，青翠如新。

吴兴姚叔度言：“茶若多焙一次，则香味随减一次。”予验之良然。但于始焙时，烘令极燥，多用炭箬，如法封固，即梅雨连旬，燥仍自若。惟开坛频取，所以生润，不得不再焙耳。自四月至八月，极宜致谨。九月以后，天气渐肃，便可解严矣。虽然，能不弛懈尤妙。

炒茶时须用一人从傍扇之，以祛热气，否则茶之色香味俱减，此予所亲试。扇者色翠，不扇者色黄。炒起出铛时，置大瓷盆中，仍须急扇，令热气稍退。以手重揉之，再散入铛，以文火炒干之。盖揉则其津上浮，点时香味易出。田子艺以生晒不炒不揉者为佳，其法亦未

手工炒茶

之试耳。

待炒制的茶叶

《群芳谱》：以花拌茶，颇有别致。凡梅花、木樨、茉莉、玫瑰、蔷薇、兰、蕙、金橘、栀子、木香之属，皆与茶宜。当于诸花香气全时摘拌，三停茶，一停花，收于瓷罐中，一层茶一层花，相间填满，以纸箬封固入净锅中，重汤煮之，取出待冷，再以纸封裹，于火上焙干贮用。但上好细芽茶，忌用花香。反夺其真味。惟平等茶宜之。

《云林遗事》：莲花茶：就池沼中，于早饭前日初出时，择取莲花蕊略绽者，以手指拨开，入茶满其中，用麻丝缚扎定。经一宿，次早连花摘之，取茶纸包晒。如此三次，锡罐盛贮，扎口收藏。

邢士襄《茶说》：凌露无云，采候之上。霁日融和，采候之次。积日重阴，不知其可。

田艺蘅《煮泉小品》：芽茶以火作者为次，生晒者为上，亦更近自然，且断烟火气耳。况作人手器不洁，火候失宜，皆能损其香色也。生晒茶瀹之瓯中，则旗枪舒畅，青翠鲜明，香洁胜于火炒，尤为可爱。

《洞山茶系》：岕茶采焙定以立夏后三日，阴雨又需之。世人妄云“雨前真岕”，抑亦未知茶事矣。茶园既开，入山卖草枝者，日不下二三百石。山民收制，以假混真。好事家躬往予租，采焙戒视惟谨，多被潜易真茶去。人至竞相高价分买，家不能二三斤。近有采嫩叶、除尖蒂、抽细筋焙之，亦曰片茶。不去尖筋，炒而复焙，燥如叶状，曰摊茶，并难多得。又有俟茶市将阑，采取剩叶焙之，名曰修山茶，香味足而色差老，若今四方所货岕片，多是南岳片子，署为"骗茶"可矣。茶贾炫人，率以长潮等茶，本岕亦不可得。噫！安得起陆龟蒙于九京，与之赓《茶人》诗也。茶人皆有市心，令予徒仰真茶而已。故余烦闷时，每诵姚合《乞茶诗》一过。

《月令广义》：炒茶每锅不过半斤，先用干炒，后微洒水，以布卷起，揉做。

茶择净微蒸，候变色摊开，扇去湿热气。揉做毕，用火焙干，以箬叶包之。语曰："善蒸不若善炒，善晒不若善焙。"盖茶以炒而焙者为佳耳。

《农政全书》：采茶在四月。嫩则益人，粗则损人。茶之为道，释滞去垢，破睡除烦，功则著矣。其或采造藏贮之无法，碾焙煎试之失宜，则虽建芽浙茗，只为常品耳。此制作之法，宜亟讲也。

冯梦祯《快雪堂漫录》：炒茶锅令极净。茶要少，火要猛，以手拌炒令软净，取出摊于匾中，略用手揉之。揉去焦梗，冷定复炒，极燥而止。不得便入瓶，置于净处，不可近湿。一二日后再入锅炒，令极燥，摊冷，然后收藏。

茶笼

藏茶之罂，先用汤煮过烘燥。乃烧栗炭透红投罂中，覆之令黑。去炭及灰，入茶五分，投入冷炭，再入茶，将满，又以宿箬叶实之，用厚纸封固罂口。更包燥净无气味砖石压之，置于高燥透风处，不得傍墙壁及泥地方得。

屠长卿《考槃余事》："茶宜箬叶而畏香药，喜温燥而忌冷湿。故收藏之法，先于清明时收买箬叶，拣其最青者，预焙极燥，以竹丝编之，每四片编为一块，听用。又买宜兴新坚大罂，可容茶十斤以上者，洗净焙干听用。山中采焙回，复焙一番，去其茶子、老叶、梗屑及枯焦者，以大盆埋伏生炭，覆以灶中敲细，赤火既不生烟，又不易过。置茶焙下焙之，约以二斤作一焙。别用炭火入大炉内，将罂悬架其上，烘至燥极而止。先以编箬衬于罂底，茶焙燥后，扇冷方入。茶之燥，以拈起即成末为验。

随焙随入，既满又以箬叶覆于茶上，每茶一斤约用箬二两。罂口用尺八纸焙燥封固，约六七层，擫以方厚白木板一块，亦取焙燥者。然后于向明净室或高阁藏之。用时以新燥宜兴小瓶，约可受四五两者，另贮。取用后随即包整。夏至后三日再焙一次，秋分后三日又焙一次，一阳后三日又焙一次，连山中共焙五次。从此直至交新，色味如一。罂中用浅，更以燥箬叶满贮之，虽久不浥。

又一法，以中坛盛茶，约十斤一瓶。每年烧稻草灰入大桶内，将茶瓶座于桶中，以灰四面填桶，瓶上覆灰筑实。用时拨灰开瓶，取茶些少，仍复封瓶覆灰，则再无蒸坏之患。次年另换新灰。

又一法，于空楼中悬架，将茶瓶口朝下放，则不蒸。缘蒸气自天而下也。

采茶时，先自带锅入山，别租一室，择茶工之尤良者，倍其雇值。戒其搓摩，勿使生硬，勿令过焦。细细炒燥，扇冷方贮罂中。

采茶，不必太细，细则芽初萌而味欠足；不可太青，青则叶已老而味欠嫩。须在谷雨前后，觅成梗带叶微绿色而团且厚者为上。更须天色晴明，采之方妙。若闽广岭南，多瘴疠之气，必待日出山霁，雾瘴岚气收净，采之可也。

冯可宾《岕茶笺》：茶，雨前精神未足，夏后则梗叶太粗。然以细嫩为妙，须当交夏时。时看风日晴和，月露初收，亲自监采入篮。如烈日之下，应防篮内郁蒸，又须伞盖，至舍速倾于净匾内薄摊，细拣枯枝、病叶、蛸丝、青牛之类，一一剔去，方为精洁也。蒸茶，须看叶之老嫩，定蒸之迟速，以皮梗碎而色带赤为度。若太熟，则失鲜。其锅内汤须频换新水，盖熟汤能夺茶味也。

陈眉公《太平清话》：吴人于十月中采小春茶，此时不独逗漏花枝，而尤喜日光晴暖。从此蹉过，霜凄雁冻，不复可堪矣。

眉公云：采茶欲精，藏茶欲燥，烹茶欲洁。

吴拭云：山中采茶歌，凄清哀婉，韵态悠长，一声从云际飘来，未尝不潸然堕泪。吴歌未便能动人如此也。

熊明遇《岕山茶记》：贮茶器中，先以生炭火煅过，于烈日中曝之，令火灭，乃乱插茶中，封固罂口，覆以新砖，置于高爽近人处。霉天雨候，切忌发覆，须于清燥日开取。其空缺处，即当以箬填满，封闭如故，方为可久。

《雪蕉馆记谈》：明玉珍子昇，在重庆取涪江青蟆石为茶磨，令宫人以武隆雪锦茶碾，焙以大足县香霏亭海棠花，味倍于常。海棠无香，独此地有香，焙茶尤妙。

《诗话》：顾渚涌金泉，每岁造茶时，太守先祭拜，然后水稍出。造贡茶毕，水渐减，至供堂茶毕，已减半矣。太守茶毕，遂涸。北苑龙焙泉亦然。

《紫桃轩杂缀》：天下有好茶，为凡手焙坏。有好山水，为俗子妆点坏。有好子弟，为庸师教坏。真无可奈何耳。

匡庐顶产茶，在云雾蒸蔚中，极有胜韵，而僧拙于焙，瀹之为赤卤，岂复有茶哉！戊戌春，小住东林，同门人董献可、曹不随、万南仲，手自焙茶，有“浅碧从教如冻柳，清芬不遣杂花飞”之句。既成，色香味殆绝。

顾渚，前朝名品，正以采摘初芽，加之法制，所谓“罄一亩之入，仅充半环”，取精之多，自然擅妙也。今碌碌诸叶茶中，无殊菜沈，何胜括目。

顾渚茶

金华仙洞与闽中武夷俱良材，而厄于焙手。

埭头本草市溪庵施济之品，近有苏焙者，以色稍青，遂混常价。

《岕茶汇钞》：岕茶不炒，甑中蒸熟，然后烘焙。缘其摘迟，枝叶微老，炒不能软，徒枯碎耳。亦有一种细炒岕，乃他山炒焙，以欺好奇者。岕中人惜茶，决不忍嫩采，以伤树木。余意他山摘茶，亦当如岕之迟摘老蒸，似无不可。但未经尝试，不敢漫作。

茶以初出雨前者佳，惟罗岕立夏开园。吴中所贵梗粗叶厚者，有萧箬之气，还是夏前六七日，如雀舌者，最不易得。

《檀几丛书》：南岳贡茶，天子所尝，不敢置品。县官修贡期以清明日入山肃祭，乃始开园采造。视松萝、虎丘而色香丰美，自是天家清供，名曰片茶。初亦如岕茶制法，万历丙辰，僧稠荫游松萝，乃仿制为片。

冯时可《滇行纪略》：滇南城外石马井泉，无异惠泉；感通寺茶，不下天池、伏龙。特此中人不善焙制耳。徽州松萝旧亦无闻，偶虎丘一僧往松萝庵，如虎丘法焙制，遂见嗜于天下。恨此泉不逢陆鸿渐，此茶不逢虎丘僧也。

《湖州志》：长兴县啄木岭金沙泉，唐时每岁造茶之所也，在湖、常二郡界，泉处沙中，居常无水。将造茶，二郡太守毕至，具仪注，拜敕祭泉，顷之发源。其夕清溢，供御者毕，水即微减；供堂者毕，水已半之；太守造毕，水即涸矣。太守或还旆稽期，则示风雷之变，或见鸷兽、毒蛇、木魅、阳睒之类焉。商旅多以顾渚水造之，无沾金沙者。今之紫笋，即用顾渚造者，亦甚佳矣。

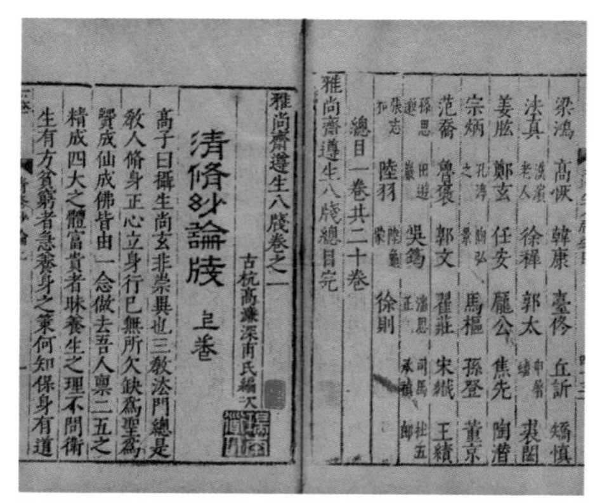
梁鴻 高恢 韓康 臺佟 丘訢 矯慎
法真 徐稺 郭太 裴閎
姜肱 鄭玄 任安 龐公 焦先 陶潛
宗炳 馬樞 孫登 董京
范喬 魯褒 郭文 翟莊 宋纖 王績
陸羽 徐則
總目一卷共二十卷
雅尚齋遵生八牋總目完

雅尚齋遵生八牋卷之一
古杭高濂深甫氏編次
清脩妙論牋 上卷
高子曰攝生尚玄非崇異也三教法門總是教人脩身正心立身行己無所欠缺爲聖爲賢成仙成佛皆由一念做去吾人禀二五之精成四大之體富貴者昧養生之理不問衛生有方貧窮者急養身之策何知保身有道

高濂所著《遵生八笺》是明代著名的养生专著，对茶道多有记述。

高濂《八笺》：藏茶之法，以箬叶封裹入茶焙中，两三日一次，用火当如人体之温温然，而湿润自去。若火多，则茶焦不可食矣。

陈眉公《太平清话》：武夷岃岵、紫帽、龙山皆产茶。僧拙于焙，既采则先蒸而后焙，故色多紫赤，只堪供宫中干濯用耳。近有以松萝法制之者，既试之，色香亦具足，经旬月，则紫赤如故。盖制茶者，不过土著数僧耳。语三吴之法，转转相效，旧态毕露。此须如昔人论琵琶法，使数年不近，尽忘其故调，而后以三吴之法行之，或有当也。

徐茂吴云："实茶大瓮底，置箬瓮口，封闭倒放，则过夏不黄，以其气不外泄也。"子晋云："当倒放有盖缸内。缸宜砂底，则不生水而常燥。加谨封贮，不宜见日，见日则生翳而味损矣。藏又不宜于热处。新茶不宜骤用，贮过黄梅，其味始足。"

张大复《梅花笔谈》：松萝之香馥馥，庙后之味闲闲，顾渚扑人鼻孔，齿颊都异，久而不忘。然其妙在造，凡宇内道地之产，性相近也，习相远也。吾深夜被酒，发张震封所遗顾渚，连啜而醒。

宗室文昭《古瓻集》：桐花颇有清味，因收花以熏茶，命之曰桐茶。有"长泉细火夜煎茶，觉有桐香入齿牙"之句。

王草堂《茶说》：武夷茶自谷雨采至立夏，谓之头春；约隔二旬复采，谓之二春；又隔又采，谓之三春。头春叶粗味浓，二春三春叶渐细，味渐薄，且带苦矣。夏末秋初又采一次，名为秋露，香更浓，味亦佳，但为来年计，惜之不能多采耳。茶采后以竹筐匀铺，架于风日中，名曰晒青。俟其青色渐收，然后再加炒焙。阳羡岕片只蒸不炒，火焙以成。松萝、龙井皆炒而不焙，故其色纯。独武夷炒焙兼施，烹出之时半青半红，青者乃炒色，红者乃焙色。茶采而摊，摊

而摝，香气发越即炒，过时不及皆不可。既炒既焙，复拣去其中老叶枝蒂，使之一色。释超全诗云：“如梅斯馥兰斯馨，心闲手敏工夫细。”形容殆尽矣。

王草堂《节物出典》:《养生仁术》云：“谷雨日采茶，炒藏合法，能治痰及百病。”

《随见录》：凡茶见日则味夺，惟武夷茶喜日晒。

武夷造茶，其岩茶以僧家所制者最为得法。至洲茶中采回时，逐片择其背上有白毛者，另炒另焙，谓之白毫，又名寿星眉。摘初发之芽，一旗未展者，谓之莲子心。连枝二寸剪下烘焙者，谓之凤尾、龙须。要皆异其制造，以欺人射利，实无足取焉。

四、茶之器

《御史台记》：唐制，御史有三院：一曰台院，其僚为侍御史；二曰殿院，其僚为殿中侍御史；三曰察院，其僚为监察御史。察院厅居南，会昌初，监察御史郑路所葺。礼察厅，谓之松厅，以其南有古松也。刑察厅，谓之魇厅，以寝于此者多梦魇也。兵察厅主掌院中茶，其茶必市蜀之佳者，贮于陶器，以防暑湿。御史辄躬亲缄启，故谓之茶瓶厅。

《资暇集》：茶托子，始建中蜀相崔宁之女，以茶杯无衬，病其熨指，取楪子承之。既啜而杯倾。乃以蜡环楪子之央，其杯遂定，即命工匠以漆代蜡环，进于蜀相。蜀相奇之，为制名而话于宾亲，人人为便，用于当代。是后传者更环其底，愈新其制，以至百状焉。

贞元初，青郓油缯为荷叶形，以衬茶碗，别为一家之楪。今人多云托子始此，非也。蜀相即今升平崔家，讯则知矣。

《大观茶论·茶器》：罗、碾。碾以银为上，熟铁次之。槽欲深而峻，轮欲锐而薄。罗欲细而面紧，碾必力而速。惟再罗，则入汤轻泛，粥面光凝，尽茶之色。

盏须度茶之多少，用盏之大小。盏高茶少，则掩蔽茶色；茶多盏小，则受汤不尽。惟盏热，则茶发立耐久。

筅以筋竹老者为之，身欲厚重，筅欲疏劲，本欲壮而末必眇，当如剑脊之状。盖身厚重，则操之有力而易于运用。筅疏劲如剑脊，则击拂虽过，而浮沫不生。

瓶宜金银，大小之制惟所裁给。注汤利害，独瓶之口嘴而已。嘴之口差大而宛直，则注汤力紧而不散。嘴之末欲圆小而峻削，则用汤有节而不滴沥。盖汤力紧则发速有节，不滴沥则茶面不破。

勺之大小，当以可受一盏茶为量。有余不足，倾勺烦数，茶必冰矣。

唐·青釉茶壶

蔡襄《茶录·茶器》：茶焙，

编竹为之，裹以箬叶。盖其上以收火也，隔其中以有容也。纳火其下，去茶尺许，常温温然，所以养茶色香味也。

茶笼，茶不入焙者，宜密封裹，以箬笼盛之，置高处，切勿近湿气。

砧椎，盖以碎茶。砧，以木为之，椎则或金或铁，取于便用。

茶钤，屈金铁为之，用以炙茶。

茶碾，以银或铁为之。黄金性柔，铜及碖石皆能生锃［音星］，不入用。

茶罗，以绝细为佳。罗底用蜀东川鹅溪绢之密者，投汤中揉洗以罩之。

茶盏，茶色白，宜黑盏。建安所造者绀黑，纹如兔毫，其坯微厚，熁之久热难冷，最为要用。出他处者，或薄或色紫，不及也。其青白盏，斗试自不用。

茶匙要重，击拂有力。黄金为上，人间以银铁为之。竹者太轻，建茶不取。

茶瓶要小者，易于候汤，且点茶注汤有准。黄金为上，若人间以银铁或瓷石为之。若瓶大啜存，停久味过，则不佳矣。

孙穆《鸡林类事》：高丽方言，茶匙曰茶戍。

《清波杂志》：长沙匠者，造茶器极精致，工直之厚，等所用白金之数，士大夫家多有之，置几案间，但知以侈靡相夸，初不常用也。凡茶宜锡，窃意以锡为合，适用而不侈。贴以纸，则茶味易损。

张芸叟云：吕申公家有茶罗子，一金饰，一棕栏。方接客索银罗子，常客也；金罗子，禁近也；棕栏，则公辅必矣。家人常挨排于屏间以候之。

《黄庭坚集·同公择咏茶碾》诗：要及新香碾一杯，不应传宝到云来。碎身粉骨方余味，莫厌声喧万壑雷。

陶谷《清异录》：富贵汤当以银铫煮之，佳甚。铜铫煮水，锡壶注茶，次之。

《苏东坡集·扬州石塔试茶》诗：坐客皆可人，鼎器手自洁。

《秦少游集·茶臼》诗：幽人耽茗饮，刳木事捣撞。巧制合臼形，雅音伴柷椌。

《文与可集·谢许判官惠茶器图》诗：成图画茶器，满幅写茶诗。会说工全妙，深谙句特奇。

谢宗可《咏物诗·茶筅》：此君一节莹无瑕，夜听松声漱玉华。万里引风归蟹眼，半瓶飞雪起龙

秦观像

芽。香凝翠发云生脚，湿满苍髯浪卷花。到手纤毫皆尽力，多因不负玉川家。

《乾淳岁时记》：禁中大庆会，用大镀金甃，以五色果簇订龙凤，谓之绣茶。

《演繁露》:《东坡后集二·从驾景灵宫》诗云："病贪赐茗浮铜叶。"按今御前赐茶皆不用建盏，用大汤甃，色正白，但其制样似铜叶汤甃耳。铜叶色黄褐色也。

周密《癸辛杂志》：宋时长沙茶具精妙甲天下。每副用白金三百星或五百星，凡茶之具悉备。外则以大缨银合贮之。赵南仲丞相帅潭，以黄金千两为之，以进尚方。穆陵大喜，盖内院之工所不能为也。

杨基《眉庵集·咏木茶炉》诗：绀绿仙人炼玉肤，花神为曝紫霞腴。九天清泪沾明月，一点劳心托鹧鸪。肌骨已为香魄死，梦魂犹在露团枯。孀娥莫怨花零落，分付余醺与酪奴。

张源《茶录》：茶铫，金乃水母，银备刚柔，味不咸涩，作铫最良。制必穿心，令火气易透。

茶瓯以白瓷为上，蓝者次之。

闻龙《茶笺·茶镀》：山林隐逸，水铫用银尚不易得，何况镀乎。若用之恒，归于铁也。

罗廪《茶解》：茶炉，或瓦或竹皆可，而大小须与汤铫称。凡贮茶之器，始终贮茶，不得移为他用。

李如一《水南翰记》：韵书无罄字，今人呼盛茶酒器曰罄。

《檀几丛书》：品茶用瓯，白瓷为良，所谓“素瓷传静夜，芳气满闲轩”也。制宜弇口邃肠，色浮浮而香不散。

《茶说》：器具精洁，茶愈为之生色。今时姑苏之锡注，时大彬之砂壶，汴梁之锡铫，湘妃竹之茶灶，宣成窑之茶盏，高人词客、贤士大夫，莫不为之珍重。即唐宋以来，茶具之精，未必有如斯之雅致。

《闻雁斋笔谈》：茶既就筐，其性必发于日，而遇知己于水。然非煮之茶灶、茶炉，则亦不佳。故曰饮

茶富贵之事也。

《雪庵清史》：泉洌性驶，非扃以金银器，味必破器而走矣。有馈中泠泉于欧阳文忠者，公讶曰：“君故贫士，何为致此奇贶？”徐视馈器，乃曰：“水味尽矣。”噫！如公言，饮茶乃富贵事耶。尝考宋之大小龙团，始于丁谓，成于蔡襄。公闻而叹曰：“君谟士人也，何至作此事！”东坡诗曰：“武夷溪边粟粒芽，前丁后蔡相笼加，吾君所乏岂此物，致养口体何陋耶。”此则二公又为茶败坏多矣。故余于茶瓶而有感。

茶鼎，丹山碧水之乡，月涧云龛之品，涤烦消渴，功诚不在芝术下。然不有似泛乳花浮云脚，则草堂暮云阴，松窗残雪明，何以勺之野语清。噫！鼎之有功于茶大矣哉。故日休有“立作菌蠢势，煎为潺湲声”，禹锡有“骤雨松风入鼎来，白云满碗花徘徊”，居仁有“浮花原属三昧手，竹斋自试鱼眼汤”，仲淹有“鼎磨云外首山铜，瓶携江上中泠水”，景纶有“待得声闻俱寂后，一瓯春雪胜醍醐”。噫！鼎之有功于茶大矣哉。虽然，吾犹有取卢仝“柴门反关无俗客，纱帽笼头自煎吃”，杨万里“老夫平生爱煮茗，十年烧穿折脚鼎”。如二君者，差可不负此鼎耳。

冯时可《茶录》：芘莉，一名篣筤，茶笼也。牺，木勺也，瓢也。

《宜兴志·茗壶》：陶穴环于蜀山，原名独山，东坡居阳羡时，以其似蜀中风景，改名蜀山。今山椒建东坡祠以祀之，陶烟飞染，祠宇尽黑。

冒巢民云：茶壶以小为贵，每一客一壶，任独斟饮，方得茶趣。何也？壶小则香不涣散，味不耽迟。况茶中香味，不先不后，恰有一时。太早或未足，稍缓或已过，个中之妙，清心自饮，化而裁之，存乎其人。

明·陈洪绶 闲话官事图轴（局部）

图中女子手持书卷，书生双手抚一乐器，两人隔一石桌对坐，桌上一把紫砂壶、两个白瓷茶杯，白色水瓮和茶盒闲置一旁，白色裂纹状的花瓶养着一枝白梅。画面清幽，意境高雅。

周高起《阳羡茗壶系》：茶至明代，不复碾屑和香药制团饼，已远过古人。近百年中，壶黜银锡及闽豫瓷，而尚宜兴陶，此又远过前人处也。陶曷取诸？取其制以本山土砂，能发真茶之色香味，不但杜工部云“倾金注玉惊人眼”，高流务以免俗也。至名手所作，一壶重不数两，价每一二十金，能使土与黄金争价。世日趋华，抑足感矣。考其创始，自金沙寺僧，久而逸其名。又提学颐山吴公读书金沙寺中，有青衣供春者，仿老僧法为之。栗色暗暗，敦庞周正，指螺纹隐隐可按，允称第一，世作龚春，误也。

茶洗

万历间，有四大家：董翰、赵梁、玄锡、时朋。朋即大彬父也。大彬号少山，不务妍媚，而朴雅坚栗，妙不可思，遂于陶人擅空群之目矣。此外则有李茂林、李仲芳、徐友泉；又大彬徒欧正春、邵文金、邵文银、蒋伯荂四人；陈用卿、陈信卿、闵鲁生、陈光甫；又婺源人陈仲美，重锼叠刻，细极鬼工；沈君用、邵盖、周后溪、邵二孙、陈俊卿、周季山、陈和之、陈挺生、承云从、沈君盛、陈辰辈，各有所长。徐友泉所自制之泥色，有海棠红、朱砂紫、定窑白、冷金黄、淡墨、沉香、水碧、榴皮、葵黄、闪色、梨皮等名。大彬镌款，用竹刀画之，书法娴雅。

茶洗，式如扁壶，中加一盎鬲而细窍其底，便于过水漉沙。茶藏，以闭洗过之茶者。陈仲美、沈君用各有奇制。水杓、汤铫，亦有制之尽美者，要以椰瓢锡缶为用之恒。

茗壶宜小不宜大，宜浅不宜深。壶盖宜盎不宜砥。汤力茗香俾得团结氤氲，方为佳也。

壶若有宿杂气，须满贮沸汤涤之，乘热倾去，即没于冷水中，亦急出水泻之，元气复矣。

许次杼《茶疏》：茶盒以贮日用零茶，用锡为之，从大坛中分出，若用尽时再取。

茶壶，往时尚龚春，近日时大彬所制，极为人所重。盖是粗砂制成，正取砂无土气耳。

臞仙云：茶瓯者，予尝以瓦为之，不用瓷。以笋壳为盖，以槲叶攒覆于上，如箬笠状，以蔽其尘。用竹架盛之，极清无比。茶匙以竹编成，细如笊篱样，与尘世所用者大不凡矣，乃林下出尘之物也。煎茶用铜瓶不免汤锃，用砂铫亦嫌土气，惟纯锡为五金之母，制铫能益水德。

谢肇淛《五杂组》：宋初闽茶，北苑为最。当时上供者，非两府禁近不得赐，而人家亦珍重爱惜。如王东城有茶囊，惟杨大年至，则取以具茶，他客莫敢望也。

《支廷训集》有《汤蕴之传》，乃茶壶也。

文震亨《长物志》：壶以砂者为上，既不夺香，又无熟汤气。锡壶有赵良璧者亦佳。吴中归锡，嘉禾黄锡，价皆最高。

《遵生八笺》：茶铫、茶瓶，瓷砂为上，铜锡次之。瓷壶注茶，砂铫煮水为上。茶盏惟宣窑坛为最，质厚白莹，样式古雅有等，宣窑印花白瓯，式样得中，而莹然如玉。次则嘉窑，心内有茶字小盏为美。欲试茶，色黄白，岂容青花乱之。注酒亦然，惟纯白色器皿为最上乘，余品皆不取。

试茶以涤器为第一要。茶瓶、茶盏、茶匙生鉎，致损茶味，必须先时洗洁则美。

曹昭《格古要论》：古人吃茶汤用擎，取其易干不留滞。

陈继儒《试茶》诗，有“竹炉幽讨”“松火怒飞”之句。[竹茶炉出惠山者最佳。]

《渊鉴类函·茗碗》：韩诗“茗碗纤纤捧。”

徐葆光《中山传信录》：琉球茶瓯，色黄，描青绿花草，云出土噶喇。其质少粗无花，但作水纹者，出大岛。瓯上造一小木盖，朱黑漆之，下作空心托子，制作颇工。亦有茶托、茶帚。其茶具、火炉与中国小异。

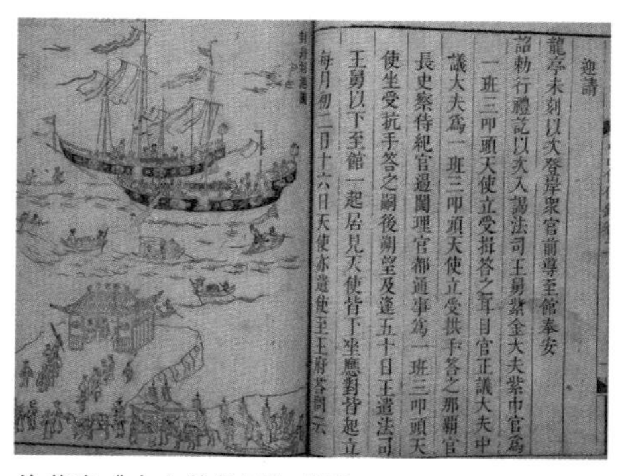
迎請
龍亭未刻以次登岸衆官前導至館奉安
詔勅行禮訖以次入謁法司王舅紫金大夫紫巾官爲
一班三叩頭天使立受揖答之耳目官正議大夫中
議大夫爲一班三叩頭天使立受拱手答之那霸官
長史察侍紀官遏闥理官都通事爲一班三叩頭天
使坐受抗手答之嗣後朔望及逢五十日王遣法司
王舅以下至館一起居見天使皆下坐應對皆起立
每月初二日十六日天使亦遣使至王府答問云

徐葆光《中山传信录》书影

葛万里《清异论录》：时大彬茶壶，有名钓雪，似带笠而钓者。然无牵合意。

《随见录》：洋铜茶铫，来自海外。红铜荡锡，薄而轻，精而雅，烹茶最宜。

五、茶之煮

唐陆羽《六羡歌》：不羡黄金罍，不羡白玉杯；不羡朝入省，不羡暮入台；千羡万羡西江水，曾向竟陵城下来。

唐张又新《水记》："故刑部侍郎刘公讳伯刍，于又新丈人行也。为学精博，有风鉴称。较水之与茶宜者，凡七等：扬子江南零水第一；无锡惠山寺石水第二；苏州虎丘寺石水第三；丹阳县观音寺井水第四；大明寺井水第五；吴淞江水第六；淮水最下第七。余尝具瓶于舟中，亲挹而比之，诚如其说也。客有熟于两浙者，言搜访未尽，余尝志之。及刺永嘉，过桐庐江，至严濑，溪色至清，水味甚冷，煎以佳茶，不可名其鲜馥也。愈于扬子、南零殊远。及至永嘉，取仙岩瀑布用之，亦不下南零，以是知客之说信矣。"

陆羽论水次第凡二十种：庐山康王谷水帘水第一；无锡惠山寺石泉水第二；蕲州兰溪石下水第三；峡州扇子山下虾蟆口水第四；苏州虎丘寺石泉水第五；庐山招贤寺下方桥潭水第六；扬子江南零水第七；洪州西山瀑布泉第八；唐州桐柏县淮水源第九；庐州龙池山

茶圣陆羽瓷雕像

岭水第十；丹阳县观音寺水第十一；扬州大明寺水第十二；汉江金州上游中零水第十三［水苦］；归州玉虚洞下香溪水第十四；商州武关西洛水第十五；吴淞江水第十六；天台山西南峰千丈瀑布水第十七；柳州圆泉水第十八；桐庐严陵滩水第十九；雪水第二十［用雪不可太冷］。

唐顾况《论茶》：煎以文火细烟，煮以小鼎长泉。

苏廙《仙芽传》第九卷载“作汤十六法”谓：汤者，茶之司命。若名茶而滥汤，则与凡味同调矣。煎以老嫩言，凡三品；注以缓急言，凡三品；以器标者，共五品；以薪论者，共五品。一得一汤，二婴汤，三百寿汤，四中汤，五断脉汤，六大壮汤，七富贵汤，八秀碧汤，九压一汤，十缠口汤，十一减价汤，十二法律汤，十三一面汤，十四宵人汤，十五贱汤，十六魔汤。

丁用晦《芝田录》：唐李卫公德裕，喜惠山泉，取以烹茗。自常州到京，置驿骑传送，号曰“水递”。后有僧某曰：“请为相公通水脉。盖京师有一眼井与惠山泉脉相通，汲以烹茗，味殊不异。”公问：“井在何坊曲？”曰：“昊天观常住库后是也。”因取惠山、昊天各一瓶，杂以他水八瓶，令僧辨晰。僧止取二瓶井泉，德裕大加奇叹。

《事文类聚》：赞皇公李德裕居廊庙日，有亲知奉使于京口，公曰：“还日，金山下扬子江南零水与取一壶来。”其人敬诺。及使回举棹日，因醉而忘之，泛舟至石头城下方忆，乃汲一瓶于江中，归京献之。公饮后，叹讶非常，曰：“江表水味有异于顷岁矣，此水颇似建业石头城下水也。”其人即谢过，不敢隐。

《河南通志》：卢仝茶泉在济源县。仝有庄，在济源之通济桥二里余，茶泉存焉。其诗曰：“买得一片田，济源花洞前。自号玉川子，有寺名玉泉。”汲此寺之泉煎茶。有《玉川子饮茶歌》，句多奇警。

《黄州志》：陆羽泉在蕲水县凤栖山下，一名兰

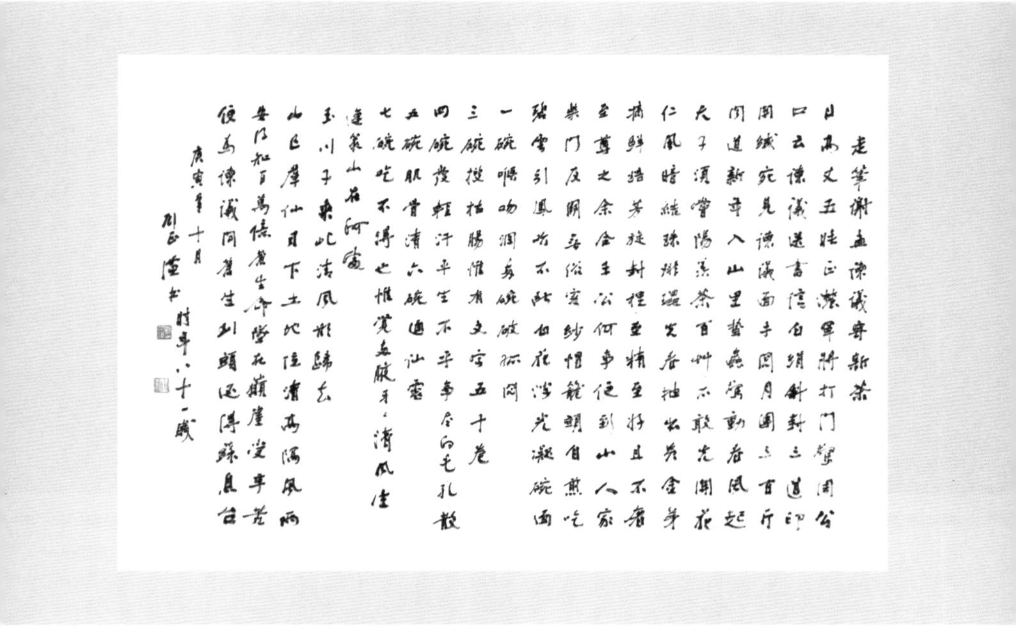

今人手书卢仝诗《走笔谢孟谏议寄新茶》

溪泉，羽品为天下第三泉也。尝汲以烹茗，宋王元之有诗。

无尽法师《天台志》：陆羽品水，以此山瀑布泉为天下第十七水。余尝试饮，比余豳溪、蒙泉殊劣。余疑鸿渐但得至瀑布泉耳。苟遍历天台，当不取金山为第一也。

《海录》：陆羽品水，以雪水第二十，以煎茶滞而太冷也。

陆平泉《茶寮记》：唐秘书省中水最佳，故名秘水。

《檀几丛书》：唐天宝中，稠锡禅师名清晏，卓锡南岳涧上，泉忽迸石窟间，字曰真珠泉。师饮之清甘可口，曰："得此瀹吾乡桐庐茶，不亦称乎！"

《大观茶论》：水以轻清甘洁为美，用汤以鱼目、蟹眼连络迸跃为度。

《咸淳临安志》：栖霞洞内有水洞深不可测，水极甘洌。魏公尝调以瀹茗。又莲花院有三井，露井最良，取以烹茗，清甘寒洌，品为小林第一。

王氏《谈录》：公言茶品高而年多者，必稍陈。

明·仇英 松亭试泉图（局部）

遇有茶处，春初取新芽轻炙，杂而烹之，气味自复在。襄阳试作甚佳，尝语君谟，亦以为然。

欧阳修《浮槎水记》：浮槎与龙池山皆在庐州界中，较其味不及浮槎远甚。而又新所记，以龙池为第十，浮槎之水弃而不录，以此知又新所失多矣。陆羽则不然，其论曰："山水上，江次之，井为下，山水乳泉石池漫流者上。"其言虽简，而于论水尽矣。

蔡襄《茶录》：茶或经年，则香色味皆陈。煮时先于净器中以沸汤渍之，刮去膏油，一两重即止。乃以钤钳之，用微火炙干，然后碎碾。若当年新茶，则不用此说。碾时，先以净纸密裹捶碎，然后熟碾。其大要旋碾则色白，如经宿则色昏矣。

碾毕即罗。罗细则茶浮，粗则沫浮。

候汤最难，未熟则沫浮，过熟则茶沉。前世谓之蟹眼者，过熟汤也。沉瓶中煮之不可辨，故曰候汤最难。

茶少汤多则云脚散，汤少茶多则粥面聚。[建人谓之云脚、粥面。] 钞茶一钱七，先注汤，调令极匀。又添注入，环回击拂。汤上盏，可四分则止，观其面色鲜白，著盏无水痕为绝佳。建安斗试，以水痕先退者为负，耐久者为胜，故校胜负之说曰，相去一水两水。

茶有真香，而入贡者微以龙脑和膏，欲助其香。

建安民间试茶，皆不入香，恐夺其真也。若烹点之际，又杂以珍果香草，其夺益甚，正当不用。

陶谷《清异录》：馔茶而幻出物像于汤面者，茶匠通神之艺也。沙门福全生于金乡，长于茶海，能注汤幻茶成一句诗，如并点四瓯，共一首绝句，泛于汤表。小小物类，唾手办尔。檀越日造门，求观汤戏。全自咏诗曰："生成盏里水丹青，巧画工夫学不成，却笑当时陆鸿渐，煎茶赢得好名声。"

茶至唐而始盛。近世有下汤运匕，别施妙诀，使汤纹水脉成物像者，禽兽、虫鱼、花草之属，纤巧如画，但须臾即就散灭，此茶之变也。时人谓之"茶百戏"。

又有漏影春法。用镂纸贴盏，糁茶而去纸，伪为花身。别以荔肉为叶，松实、鸭脚之类珍物为蕊，沸汤点搅。

《煮茶泉品》：予少得温氏所著《茶说》，尝识其水泉之目有二十焉。会西走巴峡，经虾蟆窟；北憩芜城，汲蜀冈井；东游故都，绝扬子江，留丹阳酌观音泉，过无锡斠慧山水。粉枪末旗，苏兰薪桂，且鼎且缶，以饮以歠，莫不瀹气涤虑，蠲病析酲，祛鄙吝之生心，招神明而还观。信乎！物类之得宜，臭味之所感，幽人之佳尚，前贤之精鉴，不可及已。昔郦元善于《水经》，而未尝知茶；王肃癖于茗饮，而言不及水，表是二美，吾无愧焉。

魏泰《东轩笔录》：鼎州北百里有甘泉寺，在道左，其泉清美，最宜瀹茗。林麓回抱，境亦幽胜。寇莱公谪守雷州，经此酌泉，志壁而去。未几，丁晋公窜朱崖，复经此，礼佛留题而行。天圣中，范讽以殿中丞安抚湖外，至此寺睹二相留题，徘徊慨叹，作诗以志其旁曰："平仲酌泉方顿辔，谓之礼佛继南行。层峦下瞰岚烟路，转使高僧薄宠荣。"

张邦基《墨庄漫录》：元祐六年七夕日，东坡时知扬州，与发运使晁端彦、吴倅晁无咎，大明寺汲塔院西廊井，与下院蜀井二水校其高下，以塔院水为胜。

华亭县有寒穴泉，与无锡惠山泉味相同，并尝之不觉有异，邑人知之者少。王荆公尝有诗云："神震冽冰霜，高穴雪与平。空山渟千秋，不出呜咽声。山风吹更寒，山月相与清。北客不到此，如何洗烦醒。"

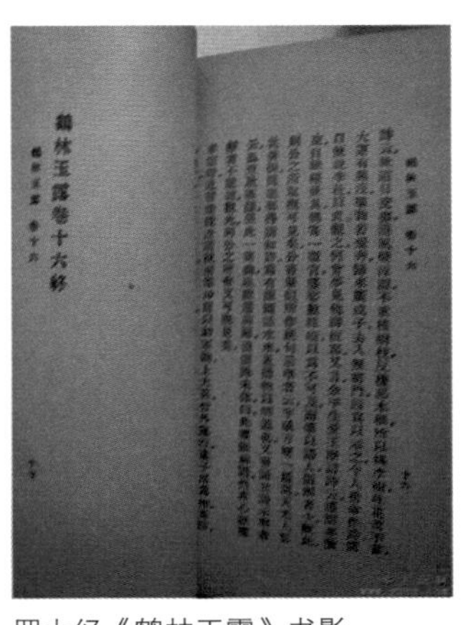
鹤林玉露卷十六终

罗大经《鹤林玉露》书影

罗大经《鹤林玉露》：余同年友李南金云：《茶经》以鱼目、涌泉连珠为煮水之节。然近世瀹茶，鲜以鼎镬，用瓶煮水，难以候视。则当以声辨一沸、二沸、三沸之节。又陆氏之法，以未就茶镬银，故以第二沸为合量而下末。若今以汤就茶瓯瀹之，则当用背二涉三之际为合量也。乃为声辨之诗曰："砌虫唧唧万蝉催，忽有千车捆载来。听得松风并涧水，急呼缥色绿磁杯。"其论固已精矣。然瀹茶之法，汤欲嫩而不欲老。盖汤嫩则茶味甘，老则过苦矣。若声如松风涧水而遽瀹之，岂不过于老而苦哉。惟移瓶去火，少待其沸止而瀹之，然后汤适中而茶味甘。此南金之所未讲也。因补一诗云："松风桂雨到来初，急引铜瓶离竹炉。待得声闻俱寂后，一瓯春雪胜醍醐。"

赵彦卫《云麓漫钞》：陆羽别天下水味，各立名品，有石刻行于世。《列子》云：孔子："淄渑之合，易牙能辨之。"易牙，齐威公大夫。淄渑二水，易牙知其味，威公不信，数试皆验。陆羽岂得其遗意乎？

《黄山谷集》：泸州大云寺西偏崖石上，有泉滴沥，一州泉味皆不及也。

林逋《烹北苑茶有怀》：石碾轻飞瑟瑟尘，乳花烹出建溪春。人间绝品应难识，闲对《茶经》忆古人。

《东坡集》：予顷自汴入淮泛江，溯峡归蜀，饮江淮水盖弥年。既至，觉井水腥涩，百余日然后安之。

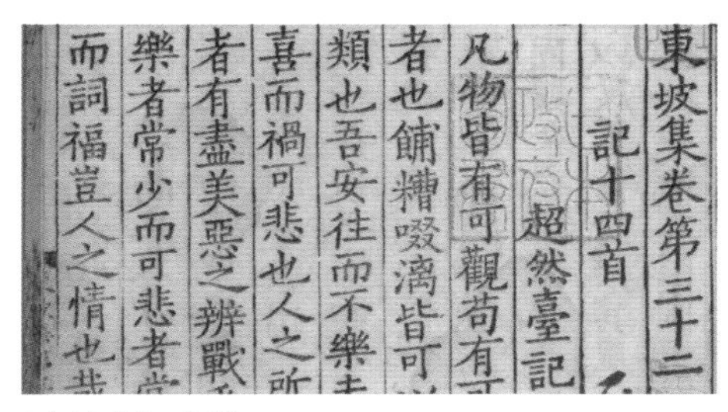
東坡集卷第三十二
記十四首
超然臺記
凡物皆有可觀苟有可
者也餔糟啜漓皆可
類也吾安往而不樂夫
喜而禍可悲也人之所
者有盡美惡之辨戰
樂者常少而可悲者常
而詞福豈人之情也哉

《东坡集》书影

以此知江水之甘于井也，审矣。今来岭外，自扬子始饮江水，及至南康，江益清驶，水益甘，则又知南江贤于北江也。近度岭入清远峡，水色如碧玉，味益胜。今游罗浮，酌泰禅师锡杖泉，则清远峡水又在其下矣。岭外惟惠州人喜斗茶，此水不虚出也。

惠山寺东为观泉亭，堂曰漪澜，泉在亭中，二井石甃相去咫尺，方圆异形。汲者多由圆井，盖方动圆静，静清而动浊也。流过漪澜，从石龙口中出，下赴大池者，有土气，不可汲。泉流冬夏不涸，张又新品为天下第二泉。

《避暑录话》：裴晋公诗云："饱食缓行初睡觉，一瓯新茗侍儿煎。脱巾斜倚绳床坐，风送水声来耳边。"公为此诗必自以为得意，然吾山居七年，享此多矣。

冯璧《东坡海南烹茶图》诗：讲筵分赐密云龙，春梦分明觉亦空。地恶九钻黎火洞，天游两腋玉川风。

《万花谷》：黄山谷有《井水帖》云："取井傍十数小石，置瓶中，令水不浊。"故《咏慧山泉》诗云"锡谷寒泉椭［音妥］。石俱"是也。石圆而长曰椭，所以澄水。

茶家碾茶，须碾着眉上白，乃为佳。曾茶山诗云："碾处须看眉上白，分时为见眼中青。"

《舆地纪胜》：竹泉，在荆州府松滋县南。宋至和初，苦竹寺僧浚井得笔。后黄庭坚谪黔过之，视笔曰："此吾虾蟆碚所坠。"因知此泉与之相通。其诗曰："松滋县西竹林寺，苦竹林中甘井泉。巴人谩说虾蟆碚，试裹春茶来就煎。"

周辉《清波杂志》：余家惠山，泉石皆为几案间物。亲旧东来，数问松竹平安信。且时致陆子泉，茗碗殊不落寞。然顷岁亦可致于汴都，但未免瓶盎气。用细砂淋过，则如新汲时，号拆洗惠山泉。天台竹沥水，彼地人断竹梢屈而取之盈瓮，若杂以他水则亟败。苏才翁与蔡君谟比茶，蔡茶精用惠山泉煮。苏茶劣用竹沥水煎，便能取胜。此说见江邻几所著《嘉祐杂志》。果尔，今喜击拂者，曾无一语及之何也？双井因山谷乃重，苏魏公尝云："平生荐举不知几何人，惟孟安序朝奉岁以双井一瓮为饷。"盖公不纳苞苴，

无锡惠山泉

顾独受此，其亦珍之耶。

《东京记》：文德殿两掖有东西上阁门，故杜诗云：“东上阁之东，有井泉绝佳。”山谷《忆东坡烹茶》诗云：“阁门井不落第二，竟陵谷帘空误书。”

陈舜俞《庐山记》：康王谷有水帘，飞泉破岩而下者二三十派。其广七十余尺，其高不可计。山谷诗云“谷帘煮甘露”是也。

孙月峰《坡仙食饮录》：唐人煎茶多用姜，故薛能诗云：“盐损添常戒，姜宜著更夸。”据此，则又有用盐者矣。近世有此二物者，辄大笑之。然茶之中等者，用姜煎，信佳。盐则不可。

冯可宾《岕茶笺》：茶虽均出于岕，有如兰花香而味甘，过霉历秋，开坛烹之，其香愈烈，味若新沃。以汤色尚白者，真洞山也。他嶰初时亦香，秋则索然矣。

《群芳谱》：世人情性嗜好各殊，而茶事则十人而九。竹炉火候，茗碗清缘。煮引风之碧云，倾浮花之雪乳。非借汤勋，何昭茶德。略而言之，其法有五：一曰择水，二曰简器，三曰忌混，四曰慎煮，五曰辨色。

《吴兴掌故录》：湖州金沙泉，至元中，中书省遣官致祭，一夕水溢，溉田千亩，赐名瑞应泉。

《职方志》：广陵蜀冈上有井，曰蜀井，言水与西蜀相通。茶品天下水有二十种，而蜀冈水为第七。

《遵生八笺》：凡点茶，先须熁盏令热，则茶面聚乳，冷则茶色不浮。[熁音胁，火迫也。]

陈眉公《太平清话》：余尝酌中泠，劣于惠山，殊不可解。后考之，乃知陆羽原以庐山谷帘泉为第一。《山疏》云："陆羽《茶经》言，瀑泻湍激者勿食。今此水瀑泻湍激无如矣，乃以为第一，何也？"又云："液泉在谷帘侧，山多云母，泉其液也，洪纤如指，清冽甘寒，远出谷帘之上，乃不得第一，又何也？"又"碧琳池东西两泉，皆极甘香，其味不减惠

明·徐渭 煎茶七类卷

全卷文字笔锋饱满，雄健有力，姿态多变，行云流水。

山，而东泉尤洌”。

蔡君谟“汤取嫩而不取老”，盖为团饼茶言耳。今旗芽枪甲，汤不足则茶神不透，茶色不明。故茗战之捷，尤在五沸。

徐渭《煎茶七类》：煮茶非漫浪，要须其人与茶品相得，故其法每传于高流隐逸，有烟霞泉石磊魂于胸次间者。

品泉以井水为下。井取汲多者，汲多则水活。

候汤眼鳞鳞起，沫饽鼓泛，投茗器中。初入汤少许，俟汤茗相投即满注，云脚渐开，乳花浮面，则味同。盖古茶用团饼碾屑，味易出。叶茶骤则乏味，过熟则味昏底滞。

张源《茶录》：山顶泉清而轻，山下泉清而重，石中泉清而甘，砂中泉清而冽，土中泉清而厚。流动者良于安静，负阴者胜于向阳。山削者泉寡，山秀者有神。真源无味，真水无香。流于黄石为佳，泻出青石无用。

汤有三大辨：一曰形辨，二曰声辨，三曰捷辨。形为内辨，声为外辨，捷为气辨。如虾眼、蟹眼、鱼目、连珠，皆为萌汤，直至涌沸如腾波鼓浪，水气全消，方是纯熟；如初声、转声、振声、骇声，皆为萌汤，直至无声，方是纯熟；如气浮一缕、二缕、三缕，及缕乱不分，氤氲缭绕，皆为萌汤，直至气直冲贯，方是纯熟。

蔡君谟因古人制茶碾磨作饼，则见沸而茶神便发。此用嫩而不用老也。今时制茶，不假罗碾，全具元体，汤须纯熟，元神始发也。

炉火通红，茶铫始上。扇起要轻疾，待汤有声，稍稍重疾，斯文武火之候也。若过乎文，则水性柔，柔则水为茶降；过于武，则火性烈，烈则茶为水制，皆不足于中和，非茶家之要旨。

投茶有序，无失其宜。先茶后汤，曰下投；汤半下茶，复以汤满，曰中投；先汤后茶，曰上投。夏宜上投，冬宜下投，春秋宜中投。

不宜用恶木、敝器、铜匙、铜铫、木桶、柴薪、烟煤、麸炭、粗童、恶婢、不洁巾帨，及各色果实香药。”

谢肇淛《五杂俎》：唐薛能《茶诗》云：“盐损添常戒，姜宜著更夸。”煮茶如是，味安佳？此或在竟陵翁未品题之先也。至东坡《和寄茶》诗云：“老妻稚子不知爱，一半已入姜盐煎。”则业觉其非矣。而此习犹在也。今江右及楚人，尚有以姜煎茶者，虽云古风，终觉未典。

闽人苦山泉难得，多用雨水，其味甘不及山泉，而清过之。然自淮而北，则雨水苦黑，不堪煮茗矣。惟雪水，冬月藏之，入夏用，乃绝佳。夫雪固雨所凝也，宜雪而不宜雨，何哉？或曰：北方瓦屋不净，多用�党泥涂塞故耳。

古时之茶，曰煮，曰烹，曰煎。须汤如蟹眼，茶味方中。今之茶惟用沸汤投之，稍著火即色黄而味涩，不中饮矣。乃知古今煮法亦自不同也。苏才翁斗茶用天台竹沥水，乃竹露，非竹沥也。若今医家用火逼竹取沥，断不宜茶矣。

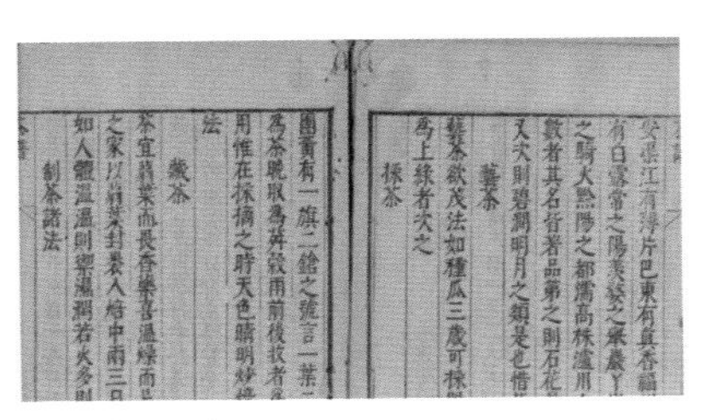
藝茶
藝茶欲茂法如種瓜三歲可採
爲上綠者次之
採茶
團黃有一旗二鎗之號言一葉
用惟在採摘之時天色晴明炒焙
法
藏茶
茶宜蒻葉而畏香藥喜溫燥而忌
之家以蒻葉封裹入焙中兩三日
如人體溫溫則禦濕潤若火多則
制茶諸法

《茶谱》书影

顾元庆《茶谱》：煎茶

明·蓝瑛 煎茶图（局部）

四要：一择水，二洗茶，三候汤，四择品。点茶三要：一涤器，二熁盏，三择果。

熊明遇《岕山茶记》：烹茶，水之功居大。无山泉则用天水，秋雨为上，梅雨次之。秋雨洌而白，梅雨醇而白。雪水，五谷之精也，色不能白。养水须置石子于瓮，不惟益水，而白石清泉，会心亦不在远。

《雪庵清史》：余性好清苦，独与茶宜。幸近茶乡，恣我饮啜。乃友人不辨三火三沸法，余每过饮，非失过老，则失之太嫩，致令甘香之味荡然无存，盖误于李南金之说耳。如罗玉露之论，乃为得火候也。友曰："吾性惟好读书，玩佳山水，作佛事，或时醉花前，不爱水厄，故不精于火候。"昔人有言："释滞消壅。一日之利暂佳；瘠气耗精，终身之害斯大。获益则归功茶力，贻害则不谓茶灾。甘受俗名，缘此之故。"噫！茶冤甚矣。不闻秃翁之言："释滞消壅，清苦之益实多；瘠气耗精，情欲之害最大。"获益则不谓茶力，自害则反谓茶殃。且无火候，不独一茶。读书而不得其趣，玩山水而不会其情，学佛而不破其宗，好色而不饮其韵，皆无火候者也。岂余爱茶而故为茶吐气哉？亦欲以此清苦之味，与故人共之耳！

煮茗之法有六要：一曰别，二曰水，三曰火，四曰汤，五曰器，六曰饮。有粗茶，有散茶，有末茶，有饼茶；有研者，有熬者，有炀者，有舂者。余幸得产茶方，又兼得烹茶六要，每遇好朋，便手自煎烹。但愿一瓯常及真，不用撑肠拄腹文字五千卷也。故日饮之时，义远矣哉。

田艺蘅《煮泉小品》：茶，南方嘉木，日用之不可少者。品固有嫩恶，若不得其水，且煮之不得其宜，虽佳弗佳也。但饮泉觉爽，啜茗忘喧，谓非膏粱纨绔可语。爰著《煮泉小品》，与枕石漱流者商焉。

陆羽尝谓："烹茶于所产处无不佳，盖水土之宜也。"此论诚妙。况旋摘旋瀹，两及其新耶！故《茶谱》亦云"蒙之中顶茶，若获一两，以本处水煎服，即能祛宿疾"，是也。今武林诸泉，惟龙泓入品，而茶亦惟龙泓山为最。盖兹山深厚高大，佳丽秀越，为两山之主。故其泉清寒甘香，雅宜煮茶。虞伯生诗："但见瓢中清，翠影落群岫。烹煎黄金芽，不取谷雨后。"姚公绶诗："品尝顾渚风斯下，零落《茶经》奈尔何！"则风味可知矣，又况为葛仙翁炼丹之所哉。又其上为老龙泓，寒碧倍之，其地产茶为南北两山绝品。鸿渐第钱塘天竺灵隐者为下品，当未识此耳。而郡志亦只称宝云、香林、白云诸茶，皆未若龙泓之清馥隽永也。

有水有茶，不可以无火，非谓其真无火也，失所宜也。李约云“茶须活火煎”，盖谓炭火之有焰者。东坡诗云“活水仍将活火烹”，是也。余则以为山中不常得炭，且死火耳，不若枯松枝为妙。遇寒月，多拾松实房蓄，为煮茶之具，更雅。

人但知汤候，而不知火候。火然则水干，是试火当先于试水也。《吕氏春秋》伊尹说汤五味，“九沸九变，火为之纪”。

许次杼《茶疏》:“甘泉旋汲，用之斯良，丙舍在城，夫岂易得。故宜多汲，贮以大瓮，但忌新器，为其火气未退，易于败水，亦易生虫。久用则善，最嫌他用。水性忌木，松杉为甚。木桶贮水，其害滋甚，挈瓶为佳耳。”

沸速，则鲜嫩风逸。沸迟，则老熟昏钝。故水入铫，便须急煮。候有松声，即去盖，以息其老钝。蟹眼之后，水有微涛，是为当时。大涛鼎沸，旋至无声，是为过时。过时老汤，决不堪用。

茶注、茶铫、茶瓯，最宜荡涤。饮事甫毕，余沥残叶，必尽去之。如或少存，夺香败味。每日晨兴，必以沸汤涤过，用极熟麻布向内拭干，以竹编架覆而庋之燥处，烹时取用。

味若龙泓，清馥隽永甚。余尝一一试之，求其茶泉双绝，两浙罕伍云。

山厚者泉厚，山奇者泉奇，山清者泉清，山幽者泉幽，皆佳品也。不厚则薄，不奇则蠢，不清则浊，不幽则喧，必无用矣。

江，公也，众水共入其中也。水共则味杂，故曰江水次之。其水取去人远者，盖去人远，则湛深而无荡漾之漓耳。

严陵濑，一名七里滩，盖沙石上曰濑、曰滩也，总谓之浙江。但潮汐不及，而且深澄，故入陆品耳。余尝清秋泊钓台下，取囊中武夷、金华二茶试之，固一水也，武夷则黄而燥洌，金华则碧而清香，乃知择水当择茶也。鸿渐以婺州为次，而清臣以白乳为武夷之石，今优劣顿反矣。意者所谓离其处，水功其半者耶。

去泉再远者，不能日汲。须遣诚实山僮取之，以免石头城下之伪。苏子瞻爱玉女河水，付僧

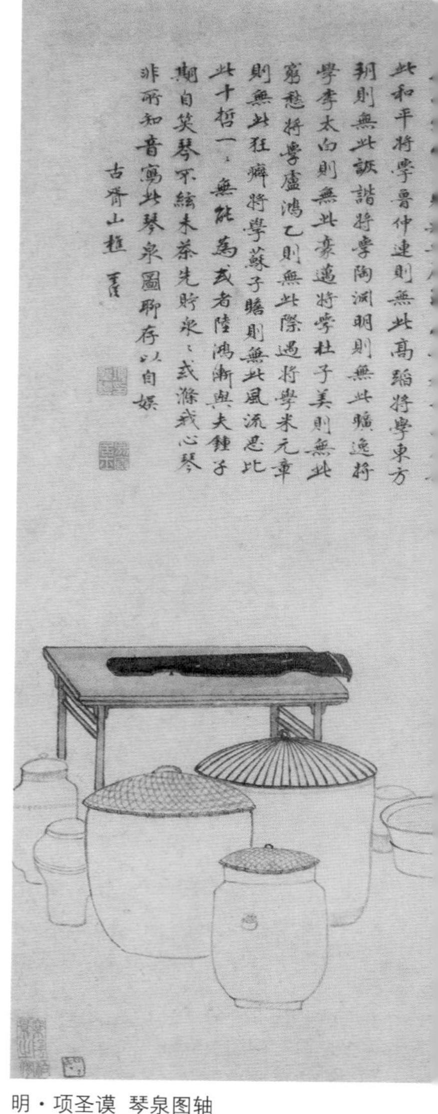

明・项圣谟 琴泉图轴

调水符以取之，亦惜其不得枕流焉耳。故曾茶山《谢送惠山泉》诗有“旧时水递费经营”之句。

汤嫩则茶味不出，过沸则水老而茶乏。惟有花而无衣，乃得点瀹之候耳。

三人以上，止热一炉。如五六人，便当两鼎炉，用一童，汤方调适。若令兼作，恐有参差。

火必以坚木炭为上。然木性未尽，尚有余烟，烟气入汤，汤必无用。故先烧令红，去其烟焰，兼取性力猛炽，水乃易沸。既红之后，方授水器，乃急扇之。愈速愈妙。毋令手停。停过之汤，宁弃而再烹。

茶不宜近阴室、厨房、市喧、小儿啼、野性人、僮奴相哄、酷热斋舍。

罗廪《茶解》：茶色白，味甘鲜，香气扑鼻，乃为精品。茶之精者，淡亦白，浓亦白，初泼白，久贮亦白。味甘色白，其香自溢，三者得则俱得也。近来好事者，或虑其色重，一注之水，投茶数片，味固不足，香亦窅然，终不免水厄之诮，虽然，尤贵择水。

香以兰花为上，蚕豆花次之。

煮茗须甘泉，次梅水。梅雨如膏，万物赖以滋养，其味独甘。梅后便不堪饮。大瓮满贮，投伏龙肝一块以澄之，即灶中心干土也，乘热投之。

李南金谓，当背二涉三之际为合量。此真赏鉴家言。而罗鹤林惧汤老，欲于松风涧水后，移瓶去火，少待沸止而瀹之。此语亦未中窾。殊不知汤既老矣，虽去火何救哉？

贮水瓮须置于阴庭，覆以纱帛，使昼挹天光，夜承星露，则英华不散，灵气常存。假令压以木石，封以纸箬，暴于日中，则内闭其实，外耗其精，水神敝矣，水味败矣。

《考槃余事》：今之茶品与《茶经》迥异，而烹制之法，亦与蔡、陆诸人全不同矣。

始如鱼目微微有声为一沸，缘边涌泉如连珠为二沸，奔涛溅沫为三沸。其法非活火不成。若薪火方交，水釜才炽，急取旋倾，水气未消，谓之嫩。若人过百息，水逾十沸，始取用之，汤已失性，谓之老。老与嫩皆非也。

《夷门广牍》：虎丘石泉，旧居第三，渐品第五。以石泉渟泓，皆雨泽之积，渗窦之潢也。况阖庐墓隧，当时石工多闷死，僧众上栖，不能

“天下第五泉”遗址

无秽浊渗入。虽名陆羽泉，非天然水。道家服食，禁尸气也。

《六砚斋笔记》：武林西湖水，取贮大缸，澄淀六七日。有风雨则覆，晴则露之，使受日月星之气。用以烹茶，甘淳有味，不逊惠麓。以其溪谷奔注，涵浸凝渟，非复一水，取精多而味自足耳。以是知凡有湖陂大浸处，皆可贮以取澄，绝胜浅流阴井，昏滞腥薄，不堪点试也。古人好奇，饮中作百花熟水，又作五色饮，及冰蜜、糖药种种各殊。余以为皆不足尚。如值精茗，适乏细劚松枝，瀹汤漱咽而已。

《竹懒茶衡》：处处茶皆有，然胜处未暇悉品，姑据近道日御者：虎丘气芳而味薄，乍入盎，菁英浮动，鼻端拂拂如兰初析，经喉咙亦快然，然必惠麓水，甘醇足佐其寡薄。龙井味极腆厚，色如淡金，气亦沉寂，而咀咽之久，鲜腴潮舌，又必借虎跑空寒熨齿之泉发之，然后饮者，领隽永之滋，无昏滞之恨耳。

松雨斋《运泉约》：吾辈竹雪神期，松风齿颊，暂随饮啄人间，终拟逍遥物外。名山未即，尘海何辞！然而搜奇炼句，液沥易枯；涤滞洗蒙，茗泉不废。月团三百，喜拆鱼缄；槐火一篝，惊翻蟹眼。陆季疵之著述，既奉典刑；张又新之编摩，能无鼓吹。昔卫公宦达中书，颇烦递水；杜老潜居夔峡，险叫湿云。今者，环处惠麓，逾二百里而遥；问渡松陵，不三四日而至。登新捐旧，转手妙若辘轳；取便费廉，用力省于桔槔。凡吾清士，咸赴嘉盟。运惠水：每坛偿舟力费银三分，水坛坛价及坛盖自备不计。水至，走报各友，令人自抬。每月上旬敛银，中旬运水。月运一次，以致清新。愿者书号于左，以便登册，并开坛数，如数付银。某月某日付。松雨斋主人谨订。

《岕茶汇钞》：烹时先以上品泉水涤烹器，务鲜务洁。次以热水涤茶叶，水若太滚，恐一涤味损，当以竹箸夹茶于涤器中，反复洗荡，去尘土、黄叶、老梗既尽，乃以手搦干，置涤器内盖定。少刻开视，色青香洌，急取沸水泼之。夏先贮水入茶，冬先贮茶入水。

茶色贵白，然白亦不难。泉清、瓶洁、叶少、水洌，旋烹旋啜，其色自白，然真味抑郁，徒为目食耳。若取青绿，则天池、松萝及岕之最下者，虽冬月，色亦如苔衣，何足为妙？若余所收真洞山茶，自谷雨后五日者，以汤荡浣，贮壶良久，其色如玉。至冬则嫩绿，味甘色淡，韵清气醇，亦作婴儿肉香。而芝芬浮荡，则虎丘所无也。

《洞山茶系》：岕茶德全，策勋惟归洗控。沸汤泼叶，即起洗鬲，敛其出液。候汤可下指，即下洗鬲，排荡沙沫。复起，并指控干，闭之茶藏候投。盖他茶欲按时分投，惟岕既经洗控，神理绵绵，止须上投耳。

《天下名胜志》：宜兴县湖汶镇，有于潜泉，窦穴阔二尺许，状如井。其源洑流潜通，味颇甘洌，唐修茶贡，此泉亦递进。

洞庭缥缈峰西北，有水月寺，寺东入小青坞，有泉莹澈甘凉，冬夏不涸。宋李弥大名之曰“无碍泉”。

安吉州碧玉泉为冠，清可鉴发，香可瀹茗。

徐献忠《水品》：泉甘者，试称之必厚重，其所由来者远大使然也。江中南零水，自岷江发源数千里，始澄于两石间，其性亦重厚，故甘也。

处士《茶经》，不但择水，其火用炭或劲薪。其炭曾经燔为腥气所及，及膏木败器，不用之。古人辨劳薪之味，殆有旨也。

山深厚者，雄大者，气盛丽者，必出佳泉。

张大复《梅花笔谈》：茶性必发于水，八分之茶遇十分之水，茶亦十分矣。八分之水试十分之

清・素三彩鸭形壶

茶，茶只八分耳。

《岩栖幽事》：黄山谷赋："汹汹乎，如涧松之发清吹；浩浩乎，如春空之行白云。"可谓得煎茶三昧。

扫叶煎茶乃韵事，须人品与茶相得。故其法往往传于高流隐逸，有烟霞泉石磊块胸次者。

《涌幢小品》：天下第四泉，在上饶县北茶山寺。唐陆鸿渐寓其地，即山种茶，酌以烹之，品其等为第四。邑人尚书杨麒读书于此，因取以为号。余在京三年，取汲德胜门外水烹茶，最佳。大内御用井，亦西山泉脉所灌，真天汉第一品，陆羽所不及载。俗语"芒种逢壬便立霉"，霉后积水烹茶，甚香洌，可久藏，一交夏至便迥别矣。试之良验。家居苦泉水难得，自以意取寻常水煮滚，入大磁缸，置庭中避日色。俟夜天色皎洁，开缸受露，凡三夕，其清澈底。积垢二三寸，亟取出，以坛盛之，烹茶与惠泉无异。

闻龙《它泉记》：吾乡四陲皆山，泉水在在有之，然皆淡而不甘。独所谓它泉者，其源出自四明，自洞抵埭，不下三数百里。水色蔚蓝。素沙白石，粼粼见底。清寒甘滑，甲于郡中。

《玉堂丛语》：黄谏尝作《京师泉品》，郊原玉泉第一，京城文华殿东大庖井第一。后谪广州，评泉以鸡爬井为第一，更名学士泉。

明·陈洪绶 玉川子像轴

吴栻云：“武夷泉出南山者，皆洁冽味短。北山泉味迥别。盖两山形似而脉不同也。”予携茶具共访得三十九处，其最下者亦无硬冽气质。

王新城《陇蜀余闻》：百花潭有巨石三，水流其中，汲之煎茶，清冽异于他水。

《居易录》：济源县段少司空园，是玉川子煎茶处。中有二泉，或曰玉泉，去盘谷不十里；门外一水曰漭水，出王屋山。按《通志》，玉泉在泷水上，卢仝煎茶于此，今《水经注》不载。

《分甘余话》：一水，水名也。郦元《水经注·渭水》：“又东会一水，发源吴山。”《地理志》：“吴山，古汧山也，山下石穴，水溢石空，悬波侧注。”按此即一水之源，在灵应峰下，所谓“西镇灵湫”是也。余丙子祭告西镇，常品茶于此，味与西山玉泉极相似。

《古夫于亭杂录》：唐刘伯刍品水，以中泠为第一，惠山、虎丘次之。陆羽则以康王谷为第一，而次以惠山。古今耳食者，遂以为不易之论。其实二子所见，不过江南数百里内之水，远如峡中虾蟆碚，才一见耳。不知大江以北如吾郡，发地皆泉，其著名者七十有二。以之烹茶，皆不在惠泉之下。宋李文叔格非，郡人也，尝作《济南水记》，与《洛阳名园记》并传。惜《水记》不存，无以正二子之陋耳。谢在杭品平生所见之水，首济南趵突，次以益都孝妇泉［在颜神镇］、青州范公泉，而尚未见章丘之百脉泉，右皆吾郡之水，二子何尝多见。予尝题王秋史苹二十四泉草堂云“翻怜陆鸿渐，跬步限江东”，正此意也。

陆次云《湖壖杂记》：龙井泉从龙口中泻出。水在池内，其气恬然。若游人注视久之，忽波澜涌起，如欲雨之状。

张鹏翮《奉使日记》：葱岭乾涧侧有旧二井，从旁掘地七八尺，得水甘洌，可煮茗。字之曰“塞外第一泉”。

《广舆记》：永平滦州有扶苏泉，甚甘洌。秦太

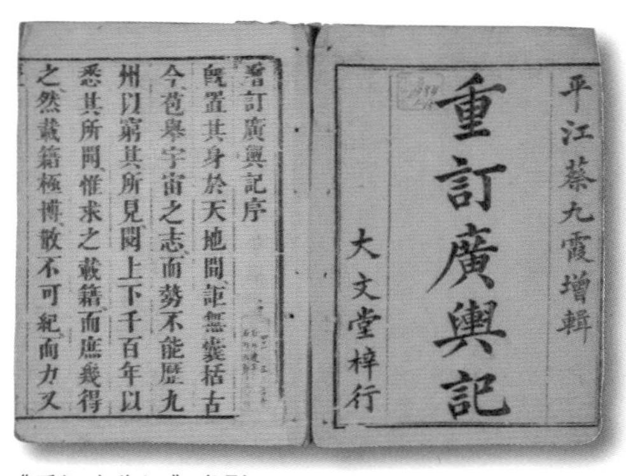
平江蔡九霞增輯
重訂廣輿記
大文堂梓行

重訂廣輿記序
既置其身於天地間詎無囊括古
今苞舉宇宙之志而勢不能歷九
州以窮其所見聞上下千百年以
悉其所聞惟求之載籍而庶幾得
之然載籍極博散不可紀而力又

《重订广舆记》书影

子扶苏尝憩此。

江宁摄山千佛岭下，石壁上刻隶书六字，曰“白乳泉试茶亭”。

钟山八功德水，一清、二冷、三香、四柔、五甘、六净、七不饐、八蠲痾。

丹阳玉乳泉，唐刘伯刍论此水为天下第四。宁州双井在黄山谷所居之南，汲以造茶，绝胜他处。杭州孤山下有金沙泉，唐白居易尝酌此泉，甘美可爱。视其地沙光灿如金，因名。安陆府沔阳有陆子泉，一名文学泉。唐陆羽嗜茶，得泉以试，故名。

《增订广舆记》：玉泉山，泉出石罅间，因凿石为螭头，泉从口出，味极甘美。潴为池，广三丈，东跨小石桥，名曰玉泉垂虹。

《武夷山志》：山南虎啸岩语儿泉，浓若停膏，泻杯中鉴毛发，味甘而博，啜之有软顺意。次则天柱三敲泉，而茶园喊泉可伯仲矣。北山泉味迥别。小桃源一泉，高地尺许，汲不可竭，谓之高泉，纯远而逸，致韵双发，愈啜愈想愈深，不可以味名也。次则接笋之仙掌露，其最下者，亦无硬冽气质。

《中山传信录》：琉球烹茶，以茶末杂细粉少许入碗，沸水半瓯，用小竹帚搅数十次，起沫满瓯面为度，以敬宾。且有以大螺壳烹茶者。

《随见录》：安庆府宿松县东门外，孚玉山下福昌寺旁井，曰龙井，水味清甘，瀹茗甚佳，质与溪泉较重。

六、茶之饮

卢仝《茶歌》：日高丈五睡正浓，军将扣门惊周公。口传谏议送书信，白绢斜封三道印。开缄宛见谏议面，手阅月团三百片。闻道新年入山里，蛰虫惊动春风起。天子未尝阳羡茶，百草不敢先开花。仁风暗结珠蓓蕾，先春抽出黄金芽。摘鲜焙芳旋封裹，至精至好且不奢。至尊之余合王公，何事便到山人家。柴门反关无俗客，纱帽笼头自煎吃。碧云引风吹不断，白花浮光凝碗面。一碗喉咙润；二碗破孤闷；三碗搜枯肠，惟有文字五千卷；四碗发轻汗，平生不平事，

尽向毛孔散；五碗肌骨清；六碗通仙灵；七碗吃不得也，惟觉两腋习习清风生。

唐冯贽《记事珠》：建人谓斗茶曰茗战。

《荈赋》云：茶能调神、和内、解倦、除慵。

《续博物志》：南人好饮茶，孙皓以茶与韦曜代酒，谢安诣陆纳，设茶果而已。北人初不识此，唐开元中，泰山灵岩寺有降魔师教学禅者以不寐法，令人多作茶饮，因以成俗。

《大观茶论》：点茶不一，以分轻清重浊，相稀稠得中，可欲则止。《桐君录》云："茗有饽，饮之宜人，虽多不为贵也。"

夫茶以味为上，香甘重滑为味之全。惟北苑、壑源之品兼之。卓绝之品，真香灵味，自然不同。

茶有真香，非龙麝可拟。要须蒸及熟而压之，及干而研，研细而造，则和美具足。入盏则馨香四达，秋爽洒然。

点茶之色，以纯白为上真，青白为次，灰白次之，黄白又次之。天时得于上，人力尽于下，茶必纯白。青白者，蒸压微生。灰白者，蒸压过熟。压膏不尽则色青暗。焙火太烈则色昏黑。

《苏文忠集》：予去黄十七年，复与彭城张圣途、丹阳陈辅之同来。院僧梵英葺治堂宇，比旧加严洁，茗饮芳洌。予问：“此新茶耶？”英曰：“茶性新旧交则香味复。”予尝见知琴者言，琴不百年，则桐之生意不尽，缓急清浊常与雨旸寒暑相应。此理与茶相近，故并记之。

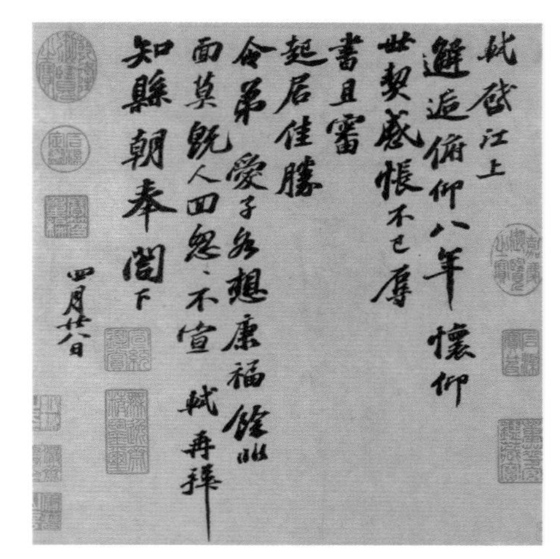

苏轼手书

王焘集《外台秘要》有《代茶饮子》诗云，格韵高绝，惟山居逸人乃当作之。予尝依法治服，其利膈调中，信如所云。而其气味乃一贴煮散耳，与茶了无干涉。

《月兔茶》诗：环非环，玦非玦，中有迷离玉兔儿，一似佳人裙上月。月圆还缺缺还圆，此月一缺圆何年。君不见，斗茶公子不忍斗小团，上有双衔绶带双飞鸾。

坡公尝游杭州诸寺，一日，饮酽茶七碗，戏书云：“示病维摩原不病，在家灵运已忘家。何须魏帝一丸药，且尽卢仝七碗茶。”

《侯鲭录》：东坡论茶：除烦已腻。世固不可一日无茶，然暗中损人不少，故或有忌而不饮者。昔人云，自茗饮盛后，人多患气、患黄，虽损益相半，而消阴助阳，益不偿损也。吾有一法，常自珍之，每食已，辄以浓茶漱口，颊腻既去，而脾胃不知。凡肉之在齿间。得茶漱涤，乃尽消缩，不觉脱去，毋须挑刺也。而齿性便苦，缘此渐坚密，蠹疾自已矣。然率用中茶，其上者亦不常有。间数日一啜，亦不为害也。此大是有理，而人罕知者，故详述之。

白玉蟾《茶歌》：味如甘露胜醍醐，服之顿觉沉疴苏。身轻便欲登天衢，不知天上有茶无。

唐庚《斗茶记》：政和三年三月壬戌，二三君子相与斗茶于寄傲斋。予为取龙塘水烹之，而第其品。吾闻茶不问团銙，要之贵新；水不问江井，要之贵活。千里致水，伪固不可知，就令识真，已非活水。今我提瓶走龙塘，无数千步。此水宜茶，昔人以为不减清远峡。每岁新茶，不过三月至矣。罪戾之余，得与诸公从容谈笑于此，汲泉煮茗，以取一时之适，此非吾君之力欤！

蔡襄像

蔡襄《茶录》：茶色贵白，而饼茶多以珍膏油［去声］其面，故有青黄紫黑之异。善别茶

者，正如相工之视人气色也，隐然察之于内，以肉理润者为上。既已末之，黄白者受水昏重，青白者受水鲜明，故建安人斗试，以青白胜黄白。

张淏《云谷杂记》：饮茶不知起于何时。欧阳公《集古录跋》云："茶之见前史，盖自魏晋以来有之。"予按《晏子春秋》，婴相齐景公时，食脱粟之饭，炙三弋五卵，茗菜而已。又汉王褒《僮约》有"五阳［一作武都］买茶"之语，则魏晋之前已有之矣。但当时虽知饮茶，未若后世之盛也。考郭璞注《尔雅》云："树似栀子，冬生，叶可煮作羹饮。"然茶至冬味苦，岂可作羹饮耶？饮之令人少睡，张华得之，以为异闻，遂载之《博物志》。非但饮茶者鲜，识茶者亦鲜。至唐陆羽著《茶经》三篇，言茶甚备，天下益知饮茶。其后尚茶成风。回纥入朝，始驱马市茶。德宗建中间，赵赞始兴茶税。兴元初虽诏罢，贞元九年，张滂复奏请，岁得缗钱四十万。今乃与盐酒同佐国用，所入不知几倍于唐矣。

《品茶要录》：余尝论茶之精绝者，其白合未开，其细如麦，盖得青阳之轻清者也。又其山多带砂石，而号佳品者，皆在山南，盖得朝阳之和者也。余尝事闲，乘晷景之明净，适亭轩之潇洒，一一皆取品试。既而神水生于华池，愈甘而新，其有助乎。

昔陆羽号为知茶，然羽之所知者，皆今之所谓茶草。何哉？如鸿渐所论蒸笋并叶，畏流其膏，盖草茶味短而淡，故常恐去其膏。建茶力厚而甘，故惟欲去其膏。又论福建为未详，往往得之，其味极佳。由是观之，鸿渐其未至建安欤。

谢宗《论茶》：候蟾背之芳香，观虾目之沸涌。故细沤花泛，浮饽云腾，昏俗尘劳，一啜而散。

《黄山谷集》：品茶，一人得神，二人得趣，三人得味，六七人是名施茶。

沈存中《梦溪笔谈》：芽茶古人谓之雀舌、麦颗，言其至嫩也。今茶之美者，其质素良，而所植之土又美，则新芽一发，便长寸余，其细如针。惟芽长为上

沈括雕像

品，以其质干、土力皆有余故也。如雀舌、麦颗者，极下材耳。乃北人不识，误为品题。予山居有《茶论》，且作《尝茶》诗云："谁把嫩香名雀舌，定来北客未曾尝。不知灵草天然异，一夜风吹一寸长。"

《遵生八笺》：茶有真香，有佳味，有正色。烹点之际，不宜以珍果香草杂之。夺其香者，松子、柑橙、莲心、木瓜、梅花、茉莉、蔷薇、木樨之类是也。夺其色者，柿饼、胶枣、火桃、杨梅、橘饼之类是也。凡饮佳茶，去果方觉清绝，杂之则味无辨矣。若欲用之，所宜则惟核桃、榛子、瓜仁、杏仁、榄仁、栗子、鸡头、银杏之类，或可用也。

徐渭《煎茶七类》：茶入口，先须灌漱，次复徐啜，俟甘津潮舌，乃得真味。若杂以花果，则香味俱夺矣。

饮茶宜凉台静室，明窗曲几，僧寮道院，松风竹月，晏坐行吟，清谈把卷。

饮茶宜翰卿墨客，缁衣羽士，逸老散人，或轩冕中之超轶世味者。

除烦雪滞，涤醒破睡，谭渴书倦，是时茗碗策勋，不减凌烟。

许次杼《茶疏》：握茶手中，俟汤入壶，随手投茶，定其浮沉，然后泻啜，则乳嫩清滑，而馥郁于鼻端。病可令起，疲可令爽。

一壶之茶，只堪再巡。初巡鲜美，再巡甘醇，三巡则意味尽矣。余尝与客戏论，初巡为“婷婷袅袅十三余”，再巡为“碧玉破瓜年”，三巡以来，“绿叶成阴”矣。所以茶注宜小，小则再巡已终，宁使余芬剩馥尚留叶中，犹堪饭后供啜嗽之用。

人必各手一瓯，毋劳传送。再巡之后，清水涤之。

若巨器屡巡，满中泻饮，待停少温，或求浓苦，何异农匠作劳但资口腹，何论品赏，何知风味乎？

《煮泉小品》：唐人以对花啜茶为杀风景，故王介甫诗云“金谷千花莫漫煎”。其意在花，非在茶也。余意以为金谷花前，信不宜矣；若把一瓯对山花啜之，当更助风景，又何必羔儿酒也。

茶如佳人，此论最妙，但恐不宜山林间耳。昔苏东坡诗云“从来佳茗似佳人”，曾茶山诗云“移人尤物众谈夸”，是也。若欲称之山林，当如毛女麻姑，自然仙风道骨，不浼烟霞。若夫桃脸柳腰，亟宜屏诸销金帐中，毋令污我泉石。

茶之团者、片者，皆出于碾硙之末，既损真味，复加油垢，即非佳品。总不若今之芽茶也，盖天然者自胜耳。曾茶山《日铸茶》诗云“宝镑自不乏，山芽安可无”，苏子瞻《壑源试焙新茶》诗云“要知玉雪心肠好，不是膏油首面新”，是也。且末茶瀹之有屑，滞而不爽，知味者当自辨之。

煮茶得宜，而饮非其人，犹汲乳泉以灌蒿莸，罪莫大焉。饮之者一吸而尽，不暇辨味，俗莫甚焉。

人有以梅花、菊花、茉莉花荐茶者，虽风韵可赏，究损茶味。如品佳茶，亦无事此。今人荐茶，类下茶果，此尤近俗。是纵佳者能损茶味，亦宜去之。且下果则必用匙，若金银，大非山居之器，而铜又生铁，皆不可也。若旧称北人和以酥酪，蜀人入以白土，此皆蛮饮，固不足责。

罗廪《茶解》：茶通仙灵，然有妙理。

山堂夜坐，汲泉煮茗，至水火相战，如听松涛，倾泻入杯，云光潋滟。此时幽趣，故难与俗人言矣。

顾元庆《茶谱》：品茶八要：一品，二泉，三烹，四器，五试，六候，七侣，八勋。

张源《茶录》：饮茶以客少为贵，众则喧，喧则雅趣乏矣。独啜曰幽，二客曰胜，三四曰趣，五六曰泛，七八曰施。

酾不宜早，饮不宜迟。酾早则茶神未发，饮迟则妙馥先消。

《云林遗事》：倪元镇素好饮茶，在惠山中，用核

桃、松子肉和真粉成小块如石状，置于茶中饮之，名曰清泉白石茶。

闻龙《茶笺》：东坡云："蔡君谟嗜茶，老病不能饮，日烹而玩之。可发来者之一笑也。"孰知千载之下有同病焉。余尝有诗云："年老耽弥甚，脾寒量不胜。"去烹而玩之者几希矣。因忆老友周文甫，自少至老，茗碗薰炉，无时暂废。饮茶日有定期：旦明、晏食、禺中、晡时、下舂、黄昏，凡六举，而客至烹点不与焉。寿八十五，无疾而卒。非宿植清福，乌能毕世安享？视好而不能饮者，所得不既多乎！尝蓄一龚春壶，摩挲宝爱，不啻掌珠。用之既久，外类紫玉，内如碧云，真奇物也，后以殉葬。

《快雪堂漫录》：昨同徐茂吴至老龙井买茶，山

明・李士达 西园雅集图卷

民十数家，各出茶。茂吴以次点试，皆以为赝，曰：真者甘香而不洌，稍洌便为诸山赝品。得一二两以为真物，试之。果甘香若兰。而山民及寺僧反以茂吴为非，吾亦不能置辩。伪物乱真如此。茂吴品茶，以虎丘为第一，常用银一两余购其斤许。寺僧以茂吴精鉴，不敢相欺。他人所得虽厚价，亦赝物也。子晋云：本山茶叶微带黑，不甚青翠。点之色白如玉，而作寒豆香，宋人呼为白云茶。稍绿便为天池物。天池茶中杂数茎虎丘，则香味迥别。虎丘其茶中王种耶！岕茶精者，庶几妃后；天池、龙井便为臣种，其余则民种矣。

熊明遇《岕山茶记》：茶之色重、味重、香重者，俱非上品。松萝香重；六安味苦，而香与松萝同；天池亦有草莱气，龙井如之。至云雾则色重而味浓矣。尝啜虎丘茶，色白而香似婴儿肉，真称精绝。

邢士襄《茶说》：夫茶中着料，碗中着果，譬如玉貌加脂，蛾眉染黛，翻累本色矣。

冯可宾《岕茶笺》：茶宜无事、佳客、幽坐、吟咏、挥翰、徜徉、睡起、宿醒、清供、精舍、会心、赏鉴、文僮。茶忌不如法、恶具、主客不韵、冠裳苛礼、荤肴杂陈、忙冗、壁间案头多恶趣。

谢在杭《五杂俎》：昔人谓：“扬子江心水，蒙山顶上茶。”蒙山在蜀雅州，其中峰顶尤极险秽，虎狼蛇虺所居，采得其茶，可蠲百疾。今山东人以蒙阴山下石衣为茶当之，非矣。然蒙阴茶性亦冷，可治胃热之病。凡花之奇香者，皆可点汤。《遵生八笺》云：“芙蓉可为汤。”然今牡丹、蔷薇、玫瑰、桂、菊之属，采以为汤，亦觉清远不俗，但不若茗之易致耳。北方柳芽初茁者，采之入汤，云其味胜茶。曲阜孔林楷木，其芽可以烹饮。闽中佛手、柑、橄榄为汤，饮之清香，色味亦旗枪之亚也。又或以绿豆微炒，投沸汤中顷之，其色正绿，香味亦不减新茗。偶宿荒村中觅茗不得者，可以此代也。

《谷山笔麈》：六朝时，北人犹不饮茶，至以酪与之较，惟江南人食之甘。至唐始兴茶税。宋元以来，茶目遂多，然皆蒸干为末，如今香饼之制，乃以入贡，非如今之食茶，止采而烹之也。西北饮茶不知起于何时。本朝以茶易马，西北以茶为药，疗百病皆瘥，此亦前代所未有也。

《金陵琐事》：思屯乾道人，见万镃手软膝酸，云：“系五藏皆火，不必服药，惟武夷茶能解之。”茶以东南枝者佳，采得烹以涧泉，则茶竖立，若以井水即横。

《六研斋笔记》：茶以芳冽洗神，非读书谈道，不宜亵用。然非真正契道之士，茶之韵味，亦未易评量。尝笑时流持论，贵嘶声之曲，无色之茶。嘶近于哑，古之绕梁遏云，竟成钝置。茶若无色，芳冽必减，且芳与鼻触，冽以舌受，色之有无，目之所审。根境不相摄，而取衷于彼，何其悖耶，何其谬耶！

虎丘以有芳无色，擅茗事之品。顾其馥郁不胜兰芷，与新剥豆花同调，鼻之消受，亦无几何。至于入口，淡于勺水，清泠之渊，何地不有，乃烦有司章程，作僧流棰楚哉。

《紫桃轩杂缀》：天目清而不醨，苦而不螫，正堪与缁流漱涤。笋蕨、石濑则太寒俭，野人之饮耳。松萝极精者方堪入供，亦浓辣有余，甘芳不足，恰如多财贾人，纵复蕴藉，不免作蒜酪气。分水贡芽，出本不多。大叶老根，泼之不动，入水煎成，番有奇味。荐此茗时，如得千年松柏根作石鼎薰燎，乃足称其老气。

“鸡苏佛”“橄榄仙”，宋人咏茶语也。鸡苏即薄荷，上口芳辣。橄榄久咀回甘。合此二者，庶得茶蕴，曰仙、曰佛，当于空玄虚寂中，嘿嘿证入。不具是舌根者，终难与说也。

赏名花不宜更度曲，烹精茗不必更焚香，恐耳目口鼻互牵，不得全领其妙也。

精茶不宜泼饭，更不宜沃醉。以醉则燥渴，将灭裂吾上味耳。精茶岂止当为俗客吝？倘是日汩汩尘务，无好意绪，即烹就，宁俟冷以灌兰，断不令俗肠污吾茗君也。

罗山庙后岕精者，亦芬芳回甘。但嫌稍浓，乏云露清空之韵。以兄虎丘则有余，以父龙井则不足。

天地通俗之才，无远韵，亦不致呕哕寒月。诸茶晦黯无色，而彼独翠绿媚人，可念也。

明·佚名 品茶图轴

文徵明曾说：吾生不饮酒，亦自得茗醉。一人品茗得茶神，三人品茗得茶趣，与友炉边文会品茶，可抵尘梦十年。

屠赤水云：茶于谷雨候、晴明日采制者，能治痰嗽、疗百疾。

《类林新咏》：顾彦先曰："有味如臛，饮而不醉；无味如茶，饮而醒焉。"醉人何用也。

徐文长《秘集致品》：茶宜精舍，宜云林，宜磁瓶，宜竹灶，宜幽人雅士，宜衲子仙朋，宜永昼清谈，宜寒宵兀坐，宜松月下，宜花鸟间，宜清流白石，宜绿藓苍苔，宜素手汲泉，宜红妆扫雪，宜船头吹火，宜竹里飘烟。

《芸窗清玩》：茅一相云："余性不能饮酒，而独耽味于茗。清泉白石可以濯五脏之污，可以澄心气之哲。服之不已，觉两腋习习，清风自生。吾读《醉乡记》，未尝不神游焉。而间与陆鸿渐、蔡君谟上下其议，则又爽然自释矣。"

《三才藻异》：雷鸣茶产蒙山顶，雷发收之，服三两换骨，四两为地仙。

《闻雁斋笔记》：赵长白自言："吾生平无他幸，但不曾饮井水耳。"此老于茶，可谓能尽其性者。今亦老矣，甚穷，大都不能如曩时，犹摩挲万卷中作《茶史》，故是天壤间多情人也。

袁宏道《瓶花史》：赏花，茗赏者上也，谭赏者次也，酒赏者下也。

《茶谱》:《博物志》云:“饮真茶令人少眠。”此是实事，但茶佳乃效，且须末茶饮之。如叶烹者，不效也。

《太平清话》：琉球国亦晓烹茶。设古鼎于几上，水将沸时投茶末一匙，以汤沃之。少顷奉饮，味清香。

《藜床瀋余》：长安妇女有好事者，曾侯家睹彩笺曰:“一轮初满，万户皆清。若乃狎处衾帏，不惟辜负蟾光，窃恐嫦娥生妒。涓于十五、十六二宵，联女伴同志者，一茗一炉，相从卜夜，名曰‘伴嫦娥’。凡有冰心，伫垂玉允。朱门龙氏拜启。”［陆浚原。］

清・杨晋 豪家佚乐图(局部)

沈周《跋茶录》：樵海先生真隐君子也。平日不知朱门为何物，日偃仰于青山白云堆中，以一瓢消磨半生。盖实得品茶三味，可以羽翼桑苎翁之所不及，即谓先生为茶中董狐可也。

王晫《快说续记》：春日看花，郊行一二里许，足力小疲，口亦少渴。忽逢解事僧邀至精舍，未通姓名，便进佳茗，踞竹床连啜数瓯，然后言别，不亦快哉。

卫泳《枕中秘》：读罢吟余，竹外茶烟轻扬；花深酒后，铛中声响初浮。个中风味谁知，卢居士可与言者；心下快活自省，黄宜州岂欺我哉。

江之兰《文房约》：诗书涵圣脉，草木栖神明。一草一木，当其含香吐艳，倚槛临窗，真足赏心悦目，助我幽思。亟宜烹蒙顶石花，悠然啜饮。

扶舆沆瀣，往来于奇峰怪石间，结成佳茗。故幽人逸士，纱帽笼头，自煎自吃。车声羊肠，无非火候，苟饮不尽，且漱弃之，是又呼陆羽为茶博士之流也。

高士奇《天禄识余》：饮茶或云始于梁天监中，见《洛阳伽蓝记》，非也。按《吴志·韦曜传》："孙皓每宴飨，无不竟日，曜不能饮，密赐茶荈以当酒。"如此言，则三国时已知饮茶矣。逮唐中世，榷茶遂与煮梅相抗，迄今国计赖之。

《中山传言录》：琉球茶瓯颇大，斟茶止二三分，用果一小块贮匙内。此学中国献茶法也。

王复礼《茶说》：花晨月夕，贤主嘉宾，纵谈古今，品茶次第，天壤间更有何乐？奚俟脍鲤炰羔，金罍玉液，痛饮狂呼，始为得意也？范文正公云：“露芽错落一番荣，缀玉含珠散嘉树。斗茶味兮轻醍醐，斗茶香兮薄兰芷。”沈心斋云：“香含玉女峰头露，润带珠帘洞口云。”可称岩茗知己。

陈鉴《虎丘茶经注补》：鉴亲采数嫩叶，与茶侣汤愚公小焙烹之，真作豆花香。昔之鬻虎丘茶者，尽天池也。

陈鼎《滇黔记游》：贵州罗汉洞，深十余里，中有泉一泓，其色如黝，甘香清冽。煮茗则色如渥丹，饮之唇齿皆赤，七日乃复。

《瑞草论》云：茶之为用，味寒。若热渴、凝闷胸、目涩、四肢烦、百节不舒，聊四五啜，与醍醐甘露抗衡也。

《本草拾遗》：茗味苦微寒，无毒，治五脏邪气，益意思，令人少卧，能轻身、明目、祛痰、消渴、利水道。

蜀雅州名山茶有露铵芽、篯芽，皆云火之前者，

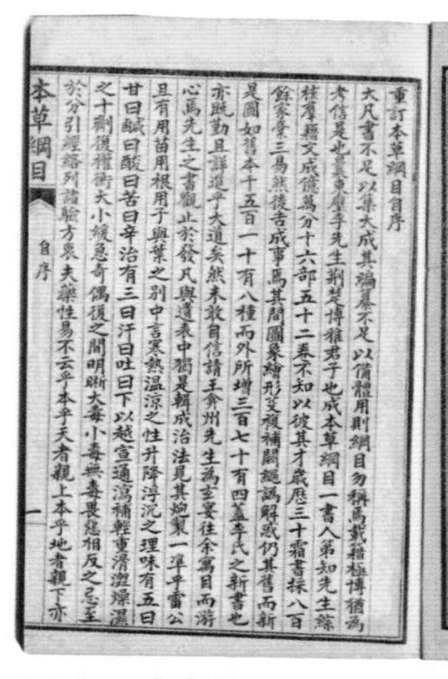
重訂本草綱目自序
大凡書不足以集大成其編纂不足以備體用則綱目勿稱焉戴籍極博猶爲
考信是也曩東璧李先生蘄芠博雅君子也成本草綱目一書人第知先生蒐
材摩籍文成鉅萬分十六部五十二卷不知以彼其才歲歷三十霜書採八百
餘家稿凡三易然後告成事焉其間圖象繪形芟複補闕繩謬解惑仍其舊而新
是圖如舊本千五百一十有八種而外所增三百七十有四蓋李氏之新書也
亦既勤且詳進乎大道矣然未敢自信請王弇州先生爲玄晏徃余寓目而游
心焉先生之書觀止於發凡與遺表中獨是輯成治法見其炮製一準乎雷公
且有用苗用根用子與葉之別中言寒熱溫涼之性升降浮沉之理味有五曰
甘曰鹹曰酸曰苦曰辛治有三曰汗曰吐曰下以越宣通瀉補輕重滑澀燥濕
之十劑復權衡大小緩急奇偶複之間明晰大毒小毒無毒畏惡相反之忌至
於分引經絡列諸驗方衷夫藥性易不云乎本乎天者親上本乎地者親下亦
本草綱目　自序　一

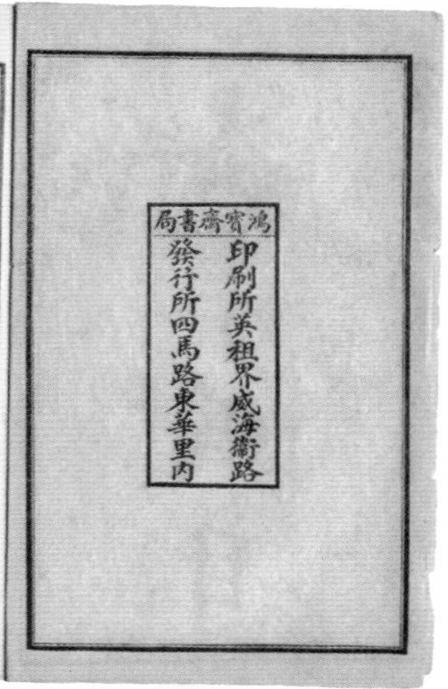
鴻寶齋書局
印刷所英租界威海衛路
發行所四馬路東華里內

《本草纲目》书影

言采造于禁火之前也。火后者次之。又有枳壳芽、枸杞芽、枇杷芽，皆治风疾。又有皂荚芽、槐芽、柳芽，乃上春摘其芽，和茶作之。故今南人输官茶，往往杂以众叶，惟茅芦、竹箬之类，不可以入茶。自余山中草木、芽叶，皆可和合，而椿、柿叶尤奇。真茶性极冷，惟雅州蒙顶出者，温而主疗疾。

李时珍《本草》：服葳灵仙、土茯苓者，忌饮茶。

《群芳谱》：疗治方：气虚、头痛，用上春茶末，调成膏，置瓦盏内覆转，以巴豆四十粒，作一次烧，烟熏之，晒干碾细，每服一匙。别入好茶末，食后煎服立效。又赤白痢下，以好茶一斤，炙捣为末，浓煎一二盏服，久痢亦宜。又二便不通，好茶、生芝麻各一撮，细嚼，滚水冲下，即通。屡试立效。如嚼不及，擂烂，滚水送下。

《随见录》:《苏文忠集》载，宪宗赐马总治泄痢腹痛方：以生姜和皮切碎如粟米，用一大钱并草茶相等煎服。元祐二年，文潞公得此疾，百药不效，服此方而愈。

七、茶之事

《晋书》：温峤表遣取供御之调，条列真上茶千片，茗三百大簿。

《洛阳伽蓝记》：王肃初入魏，不食羊肉及酪浆等物，常饭鲫鱼羹，渴饮茗汁。京师士子道肃一饮一斗，号为漏卮。后数年，高祖见其食羊肉酪粥甚多，谓肃曰："羊肉何如鱼羹？茗饮何如酪浆？"肃对曰："羊者是陆产之最，鱼者乃水族之长，所好不同，并各称珍，以味言之，甚是优劣。羊比齐鲁大邦，鱼比邾莒小国，惟茗不中，与酪作奴。"高祖大笑。彭城王勰谓肃曰："卿不重齐鲁大邦，而爱邾莒小国，何也？"肃对曰："乡曲所美，不得不好。"彭城王复谓曰："卿明日顾我，为卿设邾莒之食，亦有酪奴。"因此呼茗饮为酪奴，时给事中刘缟慕肃之风，专习茗饮。彭城王谓缟曰："卿不慕王侯八珍，而好苍头水厄。

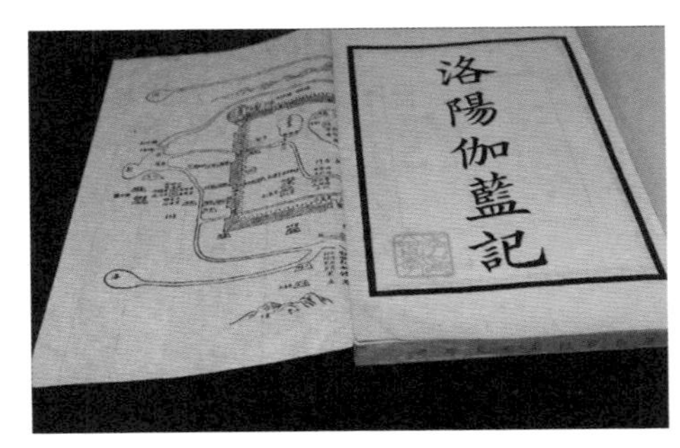

《洛阳伽蓝记》书影

海上有逐臭之夫，里内有学颦之妇，以卿言之，即是也。”盖彭城王家有吴奴，故以此言戏之。后梁武帝子西丰侯萧正德归降时，元乂欲为设茗，先问：“卿于水厄多少？”正德不晓乂意，答曰：“下官生于水乡，而立身以来，未遭阳侯之难。”元乂与举座之客皆笑焉。

《海录碎事》：晋司徒长史王濛，字仲祖，好饮茶，客至辄饮之。士大夫甚以为苦，每欲候濛，必云：“今日有水厄。”

《续搜神记》：桓宣武有一督将，因时行病后虚热，更能饮复茗，一斛二斗乃饱，才减升合，便以为不足，非复一日。家贫，后有客造之，正遇其饮复茗，亦先闻世有此病，仍令更进五升，乃大吐，有一物出如升大，有口，形质缩皱，状似牛肚。客乃令置之于盆中，以一斛二斗复浇之，此物噏之都尽，而止觉小胀。又增五升，便悉混然从口中涌出。既吐此物，其病遂瘥，或问之：“此何病？”客答云：“此病名斛二瘕。”

《潜确类书》：进士权纾文云：“隋文帝微时，梦神人易其脑骨，自尔脑痛不止。后遇一僧曰：‘山中有茗草，煮而饮之当愈。’帝服之有效，由是人竞采啜。因为之赞。其略曰：‘穷《春秋》，演河图，不如载茗一车。’”

《唐书》：太和七年，罢吴蜀冬贡茶。太和九年，王涯献茶，以涯为榷茶使，茶之有税自涯始。十二月，诸道盐铁转运榷茶使令狐楚奏：“榷茶不便于民。”从之。

陆龟蒙嗜茶，置园顾渚山下，岁取租茶，自判品第。张又新为《水说》七种，其二惠山泉、三虎丘井、六淞江水。人助其好者，虽百里为致之。日登舟设篷席，赍束书、茶灶、笔床、钓具往来。江湖间俗人造门，罕觏其面。时谓江湖散人，或号天随子、甫里先生，自比涪翁、渔父、江上丈人。后以高士征，不至。

《国史补》：故老云，五十年前多患热黄，坊曲有专以烙黄为业者。灞浐诸水中，常有昼坐至暮者，谓之浸黄。近代悉无，而病腰脚者多，乃饮茶所致也。

茶圣陆羽雕像

韩晋公滉闻奉天之难，以夹练囊盛茶末，遣健步以进。

常鲁使西番，烹茶帐中，番使问：“何为者？”鲁曰：“涤烦消渴，所谓茶也。”番使曰：“我亦有之。”取出以示曰：“此寿州者，此顾渚者，此蕲门者。”

唐赵璘《因话录》：陆羽有文学，多奇思，无一物不尽其妙，茶术最著。始造煎茶法，至今鬻茶之家，陶其像，置炀突间，祀为茶神，云：宜茶足利。巩县为瓷偶人，号“陆鸿渐”，买十茶器得一鸿渐，市人沽茗不利，辄灌注之。复州一老僧是陆僧弟子，常诵其《六羡歌》，且有《追感陆僧》诗。

唐吴晦《摭言》：郑光业策试，夜有同人突入，吴语曰：“必先必先，可相容否？”光业为掇半铺之地。其人曰：“仗取一勺水，更讬煎一碗茶。”光业欣然为取水、煎茶。居二日，光业状元及第，其人启谢曰：“既烦取水，更便煎茶。当时不识贵人，凡夫肉眼；今日俄为后进，穷相骨头。”

唐李义山《杂纂》：富贵相：捣药碾茶声。

唐冯贽《烟花记》：建阳进茶油花子饼，大小形制各别，极可爱。宫嫔缕金于面，皆以淡妆，以此花饼施于鬓上，时号北苑妆。

唐《玉泉子》：崔蠡知制诰丁太夫人忧，居东都里第时，尚苦节啬，四方寄遗茶药而已，不纳金帛，不异寒素。

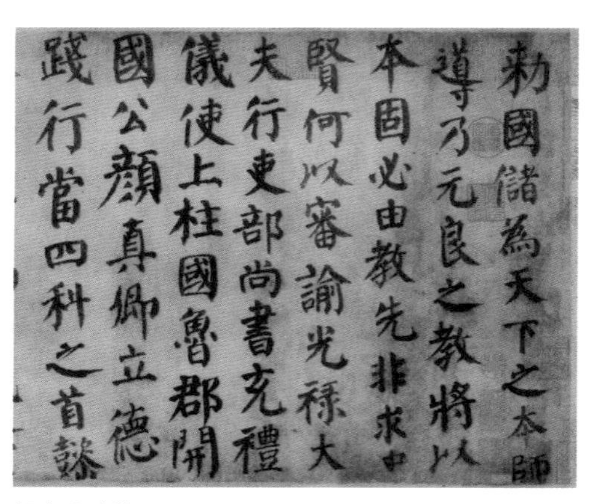

颜真卿法帖

《颜鲁公帖》：廿九日南寺通师设茶会，咸来静坐，离诸烦恼，亦非无益。足下此意，语虞十一，不可自外耳。颜真卿顿首顿首。

《开元遗事》：逸人王休居太白山下，日与僧道异人往还。每至冬时，取溪冰敲其晶莹者煮建茗，供宾客饮之。

《李邺侯家传》：皇孙奉节王好诗，初煎茶加酥椒之类，遗泌求诗，泌戏赋云："旋沫翻成碧玉池，添酥散出琉璃眼。"奉节王即德宗也。

《中朝故事》：有人授舒州牧，赞皇公李德裕谓之曰："到彼郡日，天柱峰茶可惠数角。"其人献数十斤，李不受。明年罢郡，用意精求，获数角投之。李阅而受之曰："此茶可以消酒食毒。"乃命烹一瓯，沃于肉食内，以银合闭之。诘旦视其肉，已化为水矣。众服其广识。

段公路《北户录》：前朝短书杂说，呼茗为薄，为夹。又梁《科律》有薄茗、千夹云云。

唐苏鹗《杜阳杂编》：唐德宗每赐同昌公主馔，其茶有绿华、紫英之号。

《凤翔退耕传》：元和时，馆阁汤饮待学士者，煎麒麟草。

温庭筠《采茶录》：李约字存博，汧公子也。一生不近粉黛，雅度简远，有山林之致。性嗜茶，能自煎，尝谓人曰："当使汤无妄沸，庶可养茶。始则鱼

明·仇英 松溪论画图

目散布，微微有声；中则四际泉涌，累累若贯珠；终则腾波鼓浪，水气全消。此谓老汤三沸之法，非活火不能成也。”客至不限瓯数，竟日爇火，执持茶器弗倦。曾奉使行至陕州硖石县东，爱其渠水清流，旬日忘发。

《南部新书》：杜豳公悰，位及人臣，富贵无比。尝与同列言平生不称意有三，其一为澧州刺史，其二贬司农卿，其三自西川移镇广陵，舟次瞿塘，为骇浪所惊，左右呼唤不至，渴甚，自泼汤茶吃也。

大中三年，东都进一僧，年一百二十岁。宣皇问服何药而致此，僧对曰：“臣少也贱，不知药。性本好茶，至处惟茶是求。或出，日过百余碗，如常日亦不下四五十碗。”因赐茶五十斤，令居保寿寺，名饮茶所曰茶寮。

有胡生者，失其名，以钉铰为业，居雪溪而近白苹洲。去厥居十余步有古坟，胡生每瀹茗必奠酹之。尝梦一人谓之曰：“吾姓柳，平生善为诗而嗜茗。及死，葬室在子今居之侧，常衔子之惠，无以为报，欲教子为诗。”胡生辞以不能，柳强之曰：“但率子言之，当有致矣。”既寤，试构思，果若有冥助者。厥后遂工焉，时人谓之“胡钉铰诗”。柳当是柳恽也。[又一说。]列子终于郑，今墓在效薮，谓贤者之迹，而或禁其樵牧焉。里有胡生者，性落魄。家贫，少为洗镜、锼钉之业。遇有甘果名茶美酝，辄祭于列御寇之祠垄，以求聪慧而思学道。历稔，忽梦一人，取刀划其腹，以一卷书置于心腑。及觉，而吟咏之意，皆工美之词，所得不由于师友也。既成卷轴，尚不弃于猥贱之业，真隐者之风。远近号为“胡钉铰”云。

张又新《煎茶水记》：代宗朝，李季卿刺湖州，至维扬逢陆处士鸿渐。李素熟陆名，有倾盖之欢，因之赴郡，泊扬子驿，将食，李曰：“陆君善于茶，盖天下闻名矣，况扬子南零水又殊绝。今者二妙，千载一遇，何旷之乎？”命军士谨信者操舟挈瓶，深诣南零。陆利器以俟之。俄水至，陆以勺扬其水曰：“江则江矣，非南零者，似临岸之水。”使曰：“某操舟深入，见者累百，敢虚绐乎？”陆不言，既而倾诸盆，至半，陆遽止之，又以勺扬之曰：“自此南零者矣。”使蹶然大骇，伏罪曰：“某自南零赍至岸，舟荡覆半，至，惧其鲜，挹岸水增之，处士之鉴，神鉴也，其敢隐乎。”李与宾从数十人皆大骇愕。

《茶经》本传：羽嗜茶，著《经》三篇。时鬻茶者，至陶羽形置炀突间，祀为茶神。有常伯熊者，因羽论，复广著茶之功。御史大夫李季卿宣慰江南，次临淮，知伯熊善煮茗，召之。伯熊执器前，季卿为再举杯。其后尚茶成风。

《金銮密记》：金銮故例，翰林当直学士，春晚人困，则日赐成像殿茶果。

《梅妃传》：唐明皇与梅妃斗

梅妃图

茶，顾诸王戏曰："此梅精也，吹白玉笛，作惊鸿舞，一座光辉，斗茶今又胜吾矣。"妃应声曰："草木之戏，误胜陛下。设使调和四海，烹饪鼎鼐，万乘自有宪法，贱妾何能较胜负也。"上大悦。

杜鸿渐《送茶与杨祭酒书》：顾渚山中紫笋茶两片，一片上太夫人，一片充昆弟同歠，此物但恨帝未得尝，实所叹息。

《白孔六帖》：寿州刺史张镒，以饷钱百万遗陆宣公贽。公不受，止受茶一串，曰："敢不承公之赐。"

《海录碎事》：邓利云："陆羽，茶既为癖，酒亦称狂。"

《侯鲭录》：唐右补阙綦毋煚［音英］，博学有著述才，性不饮茶，尝著《伐茶饮序》，其略曰："释滞消壅，一日之利暂佳；瘠气耗精，终身之累斯大。获益则归功茶力，贻患则不咎茶灾。岂非为福近易知，为祸远难见欤。"煚在集贤，无何以热疾暴终。

《苕溪渔隐丛话》：义兴贡茶非旧也。李栖筠典是邦，僧有献佳茗，陆羽以为冠于他境，可荐于上。栖筠从之，始进万两。

《合璧事类》：唐肃宗赐张志和奴婢各一人志和配为夫妇，号渔童、樵青。渔童捧钓收纶，芦中鼓枻；樵青苏兰薪桂，竹里煎茶。

《万花谷》:《顾渚山茶记》云:“山有鸟如鸲鹆而小，苍黄色，每至正二月作声云‘春起也’，至三四月作声云‘春去也’。采茶人呼为报春鸟。”

董逌《陆羽点茶图跋》：竟陵大师积公嗜茶久，非渐儿煎奉不向口。羽出游江湖四五载，师绝于茶味。代宗召师入内供奉，命宫人善茶者烹以饷，师一啜而罢。帝疑其诈，令人私访，得羽召入。翌日，赐师斋，密令羽煎茗遗之，师捧瓯喜动颜色，且赏且啜，一举而尽。上使问之，师曰：“此茶有似渐儿所为者。”帝由是叹师知茶，出羽见之。

《蛮瓯志》：白乐天方斋，刘禹锡正病酒，乃以菊苗齑、芦菔鲊馈乐天，换取六斑茶以醒酒。

《诗话》：皮光业字文通，最耽茗饮。中表请尝新柑，筵具甚丰，簪绂丛集。才至，未顾尊罍，而呼茶甚急，径进一巨觥，题诗曰:“未见甘心氏，先迎苦口师。”众噱云:“此师固清高，难以疗饥也。”

刘禹锡像

《太平清话》：卢仝自号癖王，陆龟蒙自号怪魁。

《潜确类书》：唐钱起，字仲文，与赵莒为茶宴，又尝过长孙宅，与朗上人作茶会，俱有诗纪事。

《湘烟录》：闵康侯曰："羽著《茶经》，为李季卿所慢，更著《毁茶论》。其名疾，字季疵者，言为季所疵也。事详传中。"

《吴兴掌故录》：长兴啄木岭，唐时吴兴、毗陵二太守造茶修贡，会宴于此。上有境会亭，故白居易有《夜闻贾常州崔湖州茶山境会欢宴》诗。

包衡《清赏录》：唐文宗谓左右曰："若不甲夜视事，乙夜观书，何以为君？"尝召学士于内庭，论讲经史，较量文章，宫人以下侍茶汤饮馔。

《名胜志》：唐陆羽宅在上饶县东五里。羽本竟陵人，初隐吴兴苕溪，自号桑苎翁，后寓新城时，又号东冈子。刺史姚骥尝诣其宅，凿沼为溟渤之状，积石为嵩华之形。后隐士沈洪乔葺而居之。

《饶州志》：陆羽茶灶在余干县冠山右峰。羽尝品越溪水为天下第二，故思居禅寺，凿石为灶，汲泉煮茶。曰丹炉，晋张氳作，元大德时总管常福生，从方士搜炉下，得药二粒，盛以金盒，及归开视，失之。

《续博物志》：物有异体而相制者，翡翠屑金，人气粉犀，北人以针敲冰，南人以线解茶。

《太平山川记》：茶叶寮，五代时于履居之。

《类林》：五代时，鲁公和凝，字成绩，在朝率同列，递日以茶相饮，味劣者有罚，号为汤社。

《浪楼杂记》：天成四年，度支奏，朝臣乞假省觐者，欲量赐茶药，文班自左右常侍至侍郎，宜各赐蜀茶三斤，蜡面茶二斤，武班官各有差。

马令《南唐书》：丰城毛炳好学，家贫不能自给，入庐山与诸生留讲，获镪即市酒尽醉。时彭会好茶，而炳好酒，时人为之语曰："彭生作赋茶三片，毛氏传诗酒半升。"

《十国春秋·楚王马殷世家》：开平二年六月，判官高郁请听民售茶，北客收其征以赡军，从之。秋七月，王奏运茶河之南北，以易缯纩、战马，仍岁贡茶二十五万斤，诏可。由是属内民得自摘山造茶而收其

品茗图

算，岁入万计。高另置邸阁居茗，号曰八床主人。

《荆南列传》：文了，吴僧也，雅善烹茗，擅绝一时。武信王时来游荆南，延住紫云禅院，日试其艺，王大加欣赏，呼为汤神，奏授华亭水大师。人皆目为乳妖。

《谈苑》：茶之精者北苑，名白乳头。江左有金蜡面。李氏别命取其乳作片，或号曰“京挺”“的乳”二十余品。又有研膏茶，即龙品也。

释文莹《玉壶清话》：黄夷简雅有诗名，在钱忠懿王俶幕中，陪樽俎二十年。开宝初，太宜赐俶“开吴镇越崇文耀武功臣制诰”。俶遣夷简入谢于朝，归而称疾，于安溪别业保身潜遁。著《山居》诗，有“宿雨一番蔬甲嫩，春山几焙茗旗香”之句。雅喜治宅，咸平中，归朝为光禄寺少卿，后以寿终焉。

《五杂俎》：建人喜斗茶，故称茗战。钱氏子弟取雪上瓜，各言其中子之的数，剖之以观胜负，谓之瓜战。然茗犹堪战，瓜则俗矣。

《潜确类书》：伪闽甘露堂前，有茶树两株，郁茂婆娑，宫人呼为清人树。每春初，嫔嫱戏于其下，采摘新芽，于堂中设倾筐会。

《宋史》：绍兴四年初，命四川宣抚司支茶博马。

旧赐大臣茶有龙凤饰，明德太后曰：“此岂人臣可得。”命有司别制入香京挺以赐之。

《宋史·职官志》：茶库掌茶，江、浙、荆、湖、建、剑茶茗，以给翰林诸司赏赉出鬻。

《宋史·钱俶传》：太平兴国三年，宴俶长春殿，令刘铱、李煜预坐。俶贡茶十万斤，建茶万斤，及银绢等物。

《甲申杂记》：仁宗朝，春试进士集英殿，后妃御太清楼观之。慈圣光献出饼角以赐进士，出七宝茶以赐考官。

《玉海》：宋仁宗天圣三年，幸南御庄观刈麦，遂幸玉津园，宴群臣，闻民舍机杼，赐织妇茶彩。

宋·佚名《卖浆图页》

图绘六商贩在卖茶之余休息品茶的情景。众人皆头系软巾，身穿齐膝短衣，捋袖至肘。有的端杯细品，有的凝神注目，有的提壶注茶，有的提桶回首，形神各异，栩栩如生，道出了商贩们生活的细节，为反映民俗生活的特写佳作。

明·唐寅 陶谷赠词图轴

陶谷《清异录》：有得建州茶膏，取作耐重儿八枚，胶以金缕，献于闽王曦，遇通文之祸，为内侍所盗，转遗贵人。

符昭远不喜茶，尝为同列御史会茶，叹曰："此物面目严冷，了无和美之态，可谓冷面草也。"

孙樵《送茶与焦刑部书》云："晚甘侯十五人遣侍斋阁。此徒皆乘雷而摘，拜水而和，盖建阳丹山碧水之乡，月涧云龛之品，慎勿贱用之。"

汤悦有《森伯颂》，盖名茶也。方饮而森然严乎齿牙，既久，而四肢森然，二义一名，非熟乎汤瓯境界者谁能目之。

吴僧梵川，誓愿燃顶供养双林博大士，自往蒙顶山上结庵种茶，凡三年，味方全美。得绝佳者曰"圣杨花""吉祥蕊"，共不逾五斤，持归供献。

宣城何子华邀客于剖金堂，酒半，出嘉阳严峻所画陆羽像悬之，子华因言："前代惑骏逸者为马癖，泥贯索者为钱癖，爱子者有誉儿癖，耽书者有《左传》癖，若此叟溺于茗事，何以名其癖？"杨粹仲曰："茶虽珍，未离草也，宜追目陆氏为甘草癖。"一座称佳。

《类苑》：学士陶谷得党太尉家姬，取雪水烹团茶以饮，谓姬曰："党家应不识此？"姬曰："彼粗人安得有此，但能于销金帐中浅斟低唱，饮羊膏儿酒耳。”陶深愧其言。

胡峤《飞龙涧饮茶》诗云：“沾牙旧姓余甘氏，破睡当封不夜侯。”陶谷爱其新奇，令犹子彝和之。彝应声云：“生凉好唤鸡苏佛，回味宜称橄榄仙。”彝时年十二，亦文词之有基址者也。

《延福宫曲宴记》：宣和二年十二月癸巳，召宰执亲王学士曲宴于延福宫，命近侍取茶具，亲手注汤击拂。少顷，白乳浮盏面，如疏星淡月，顾诸臣曰：“此自烹茶。”饮毕，皆顿首谢。

司马光像

《宋朝纪事》：洪迈选成《唐诗万首绝句》，表进，寿皇宣谕：“阁学选择甚精，备见博洽，赐茶一百銙，清馥香一十贴，薰香二十贴，金器一百两。”

《乾淳岁时纪》：仲春上旬，福建漕司进第一纲茶，名“北苑试新”，方寸小銙，进御止百銙，护以黄罗软盝，借以青箬，裹以黄罗，夹复臣封朱印，外用朱漆小匣镀金锁，又以细竹丝织笈贮之，凡数重。此乃雀舌水芽，所造一銙之值四十万，仅可供数瓯之啜尔。或以一二赐外邸，则以生线分解转遗，好事以为奇玩。

《南渡典仪》：车驾幸学，讲书官讲讫，御药传旨宣坐赐茶。凡驾出，仪卫有茶酒班殿侍两行，各三十一人。

《司马光日记》：初除学士待诏李尧卿宣召称："有敕。"口宣毕，再拜，升阶，与待诏坐，啜茶。盖中朝旧典也。

欧阳修《龙茶录后序》：皇祐中，修起居注，奏事仁宗皇帝，屡承天问，以建安贡茶并所以试茶之状谕臣，论茶之舛谬。臣追念先帝顾遇之恩，览本流涕，辄加正定，书之于石。以永其传。

《随手杂录》：子瞻在杭时，一日中使至，密谓子瞻曰："某出京师辞官家，官家曰：辞了娘娘来。某辞太后殿，复到官家处，引某至一柜子旁，出此一角密语曰：赐与苏轼，不得令人知。遂出所赐，乃茶一斤，封题皆御笔。"子瞻具札，附进称谢。

潘中散适为处州守，一日作醮，其茶百二十盏皆乳花，内一盏如墨，诘之，则酌酒人误酌茶中。潘焚香再拜谢过，即成乳花，僚吏皆惊叹。

《石林燕语》故事：建州岁贡大龙凤、团茶各二斤，以八饼为斤。仁宗时，蔡君谟知建州，始别择茶之精者为小龙团，十斤以献，斤为十饼。仁宗以非故事，命劾之，大臣为请，因留而免劾，然自是遂为岁额。熙宁中，贾清为福建运使，又取小团之精者为密云龙，以二十饼为斤，而双袋谓之双角团茶。大小团袋皆用绯，通以为赐也。密云龙独用黄盖，专以奉玉食。其后又有瑞云翔龙者。宣和后，团茶不复贵，皆以为赐，亦不复如向日之精。后取其精者为銙茶，岁赐者不同，不可胜纪矣。

《春渚记闻》：东坡先生一日与鲁直、文潜诸人会，饭既，食骨鎚儿血羹。客有须薄茶者，因就取所碾龙团遍啜坐客。或曰："使龙茶能言，当须称屈。"

魏了翁《先茶记》：眉山李君铿，为临邛茶官，吏以故事，三日谒先茶。君诘其故，则曰："是韩氏而王号，相传为然，实未尝请命于朝也。"君曰："饮食皆有先，而况茶之为利，不惟民生食用之所资，亦马政、边防之攸赖。是之弗图，非忘本乎！"于是撤旧祠而增广焉，且请于郡，上神之功状于朝，宣赐荣号，以侈神赐。而驰书于靖，命记成役。

《拊掌录》：宋自崇宁后复榷茶，法制日严。私贩者固已抵罪，而商贾官券清纳有限，道路有程。纤悉不如令，则被击断，或没货出告。昏愚者往往不免。其侪乃目茶笼为草大虫，言伤人如虎也。

《苕溪渔隐丛话》：欧公《和刘原父扬州时会堂绝句》云："积雪犹封蒙顶树，惊雷未发建溪春。中州地暖萌芽早，入贡宜先百物新。"［时会堂，造贡茶所也。］余以陆羽《茶经》考之，不言扬州出茶，惟毛文锡《茶谱》云："扬州禅智寺，隋之故宫，寺傍蜀冈，其茶甘香，味如蒙顶焉。"第不知入贡之因，起何时也。

《卢溪诗话》：双井老人以青沙蜡纸裹细茶寄人，不过二两。

《青琐诗话》：大丞相李公昉尝言，唐时目外镇为粗官，有学士贻外镇茶，有诗谢云："粗官乞与真虚掷，赖有诗情合得尝。"［外镇即薛能也。］

《玉堂杂记》：淳熙丁酉十一月壬寅，必大轮当内直，上曰："卿想不甚饮，比赐宴时，见卿面赤。赐小春茶二十銙，叶世英墨五团，以代赐酒。"

陈师道《后山丛谈》：张忠定公令崇阳，民以茶为业。公曰："茶利厚，官将取之，不若早自异也。"命拔茶而植桑，民以为苦。其后榷茶，他县皆失业，而崇阳之桑皆已成，其为绢而北者，岁百万匹矣。［又见《名臣言行录》］

文正李公既薨，夫人诞日，宋宣献公时为侍从。公与其僚二十余人诣第上寿，拜于帘下，宣献前曰：

“太夫人不饮，以茶为寿。”探怀出之，注汤以献，复拜而去。

张芸叟《画墁录》：有唐茶品，以阳羡为上供，建溪、北苑未著也。贞元中，常衮为建州刺史，始蒸焙而研之，谓研膏茶。其后稍为饼样，而穴其中，故谓之一串。陆羽所烹，惟是草茗尔。迨本朝建溪独盛，采焙制作，前世所未有也，士大夫珍尚鉴别，亦过古先。丁晋公为福建转运使，始制为凤团，后为龙团，贡不过四十饼，专拟上供，即近臣之家，徒闻之而未尝见也。天圣中，又为小团，其品迥嘉于大团。赐两府，然止于一斤，惟上大斋宿两府，八人共赐小团一饼，缕之以金。八人析归，以侈非常之赐，亲知瞻玩，赓唱以诗，故欧阳永叔有《龙茶小录》。或以大团赐者，辄封方寸，以供佛、供仙、奉家庙，已而奉亲并待客享子弟之用。熙宁末，神宗有旨，建州制密云龙，其品又加于小团。自密云龙出，则二团少粗，以不能两好也。予元祐中详定殿试，是年分为制举考第，各蒙赐三饼，然亲知分遗，殆将不胜。

熙宁中，苏子容使北，姚麟为副，曰：“盍载些小团茶乎？”子容曰：“此乃供上之物，畴敢与北人。”未几有贵公子使北，广贮团茶以往，自尔北人非团茶不纳也，非小团不贵也。彼以二团易蕃罗一匹，此以一罗酬四团，少不满意，即形言语。近有贵貂守边，以大团为常供，密云龙为好茶云。

《鹤林玉露》：岭南人以槟榔代茶。

彭《黑客挥犀》：蔡君谟，议茶者莫敢对公发言，建茶所以名重天下，由公也。后公制小团，其品尤精于大团。一日，福唐蔡叶丞秘教召公啜小团，坐久，复有一客至，公啜而味之曰："此非独小团，必有大团杂之。"丞惊，呼童诘之，对曰："本碾造二人茶，继有一客至，造不及，即以大团兼之。"丞神服公之明审。

王荆公为学士时，尝访君谟，君谟闻公至，喜甚，自取绝品茶，亲涤器，烹点以待公，冀公称赏。公于夹袋中取消风散一撮，投茶瓯中，并食之。君谟失色，公徐曰："大好茶味。"君谟大笑，且叹公之真率也。

王安石像

王安石是一代名相、唐宋八大家之一，但据说在生活上非常俭朴。

鲁应龙《闲窗括异志》：当湖德藏寺有水陆斋坛，往岁富民沈忠建每设斋，施主虔诚，则茶现瑞花，故花俨然可睹，亦一异也。

周辉《清波杂志》：先人尝从张晋彦觅茶，张答以二小诗云：“内家新赐密云龙，只到调元六七公。赖有山家供小草，犹堪诗老荐春风。”“仇池诗里识焦坑，风味官焙可抗衡。钻余权幸亦及我，十辈遣前公试烹。”诗总得偶病，此诗俾其子代书，后误刊《于湖集》中。焦坑产庾岭下，味苦硬，久方回甘。如“浮石已干霜后水，焦坑新试雨前茶”，东坡《南还回至章贡显圣寺》诗也。后屡得之，初非精品，特彼人自以为重，包裹钻权幸，亦岂能望建溪之胜？

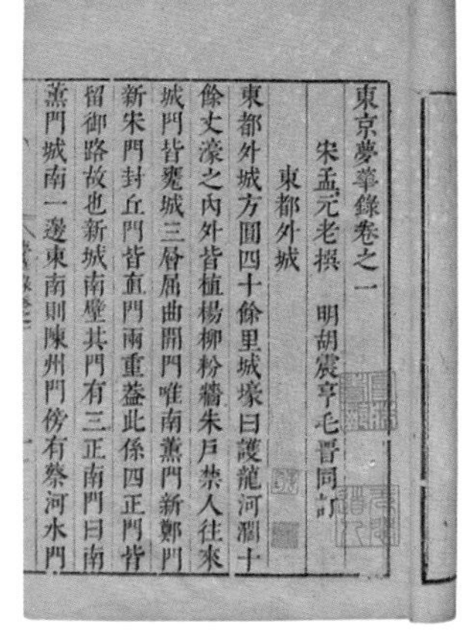

東京夢華錄卷之一

宋孟元老撰　明胡震亨毛晉同訂

東都外城

東都外城方圓四十餘里城壕曰護龍河闊十餘丈濠之內外皆植楊柳粉牆朱戶禁人往來城門皆甕城三層屈曲開門唯南薰門新鄭門新宋門封丘門皆直門兩重蓋此係四正門皆留御路故也新城南壁其門有三正南門曰南薰門城南一邊東南則陳州門傍有蔡河水門

《东京梦华录》书影

《东京梦华录》：旧曹门街北山子茶坊内，有仙洞、仙桥，仕女往往夜游，吃茶于彼。

《五色线》：骑火茶，不在火前，不在火后故也。清明改火，故曰骑火茶。

《梦溪笔谈》：王城东素所厚惟杨大年。公有一茶囊，惟大年至，则取茶囊具茶，他客莫与也。

《华夷花木考》：宋二帝北狩，到一寺中，有二石金刚并拱手而立。神像高大，首触桁栋，别无供器，止有石盂、香炉而已。有一胡僧出入其中，僧揖坐问：“何来？”帝以南来对。僧呼童子点茶以进，茶味甚香美。再欲索饮，胡僧与童子趋堂后而去。移时不出，入内求之，寂然空舍。惟竹林间有一小室，中有石刻胡僧像，并二童子侍立，视之俨然如献茶者。

马永卿《懒真子录》：王元道尝言：陕西子仙姑，传云得道术，能不食，年约三十许，不知其实年也。陕西提刑阳翟李熙民逸老，正直刚毅人也，闻人所传甚异，乃往青平军自验之。既见道貌高古，不觉心服，因曰："欲献茶一杯可乎？"姑曰："不食茶久矣，今勉强一啜。"既食，少顷垂两手出，玉雪如也。须臾，所食之茶从十指甲出，凝于地，色犹不变。逸老令就地刮取，且使尝之，香味如故，因大奇之。

《朱子文集·与志南上人书》：偶得安乐茶，分上廿瓶。

《陆放翁集·同何元立蔡肩吾至丁东院汲泉煮茶》诗云：云芽近自峨眉得，不减红囊顾渚春。旋置风炉清樾下，他年奇事属三人。

《周必大集·送陆务观赴七闽提举常平茶事》诗云：暮年桑苎毁《茶经》，应为征行不到闽。今有云孙持使节，好因贡焙祀茶人。

《黄山谷集》：有《博士王扬休碾密云龙，同事十三人饮之戏作》。

《梅尧臣集》：有《晏成续太祝遗双井茶五

品，茶具四枚，近诗六十篇，因赋诗为谢》。

《晁补之集·和答曾敬之秘书招能赋堂烹茶》诗：一碗分来百越春，玉溪小暑却宜人。红尘他日同回首，能赋堂中偶坐身。

梅尧臣像

《苏东坡集》:《送周朝议守汉川诗》云:“茶为西南病，甿俗记二李。何人折其锋，矫矫六君子。[二李，杞与稷也。六君子谓师道与侄正儒、张永徽、吴醇翁、吕元钧、宋文辅也。盖是时蜀茶病民，二李乃始敝之人，而六君子能持正论者也。]

仆在黄州，参寥自吴中来访，馆之东坡。一日，梦见参寥所做诗，觉而记其两句云:“寒食清明都过了，石泉槐火一时新。”后七年，仆出守钱塘，而参寥始仆居西湖智果寺院，院有泉出石缝间，甘冷宜茶。寒食之明日，仆与客泛湖自孤山来谒参寥，汲泉钻火烹黄蘖茶。忽悟所梦诗，兆于七年之前。众客皆惊叹。知传记所载，非虚语也。

东坡《物类相感志》:“芽茶得盐，不苦而甜。”又云:“吃茶多腹胀，以醋解之。”又云:“陈茶烧烟，蝇速去。”

《杨诚斋集·谢傅尚书送茶》：远饷新茗，当自携大瓢，走汲溪泉，束涧底之散薪，然折脚之石鼎，烹玉尘，啜香乳，以享天上故人之惠。愧无胸中之书传，但一味搅破菜园耳。

郑景龙《续宋百家诗》：本朝孙志举，有《访王主簿同泛菊茶》诗。

吕元中《丰乐泉记》：欧阳公既得酿泉，一日会客，有以新茶献者。公敕汲泉瀹之。汲者道仆覆水，伪汲他泉代。公知其非酿泉，诘之，乃得是泉于幽谷山下，因名丰乐泉。

《侯鲭录》：黄鲁直云："烂蒸同州羊，沃以杏酪，食之以匕，不以箸。抹南京面作槐叶冷淘，糁以襄邑熟猪肉，炊共城香稻，用吴人鲙松江之鲈。既饱，以康山谷帘泉烹曾坑斗品。少焉，卧北窗下，使人诵东坡《赤壁》前后赋，亦足少快。"［又见《苏长公外纪》。］

《苏舜钦传》：有兴则泛小舟出盘、阊二门，吟啸览古，渚茶野酿，足以消忧。

《过庭录》：刘贡父知长安，妓有茶娇者，以色慧称。贡父惑之，事传一时。贡父被召至阙，欧阳永叔去城四十五里迓之，贡父以酒病未起。永叔戏之曰：

“非独酒能醉人，茶亦能醉人多矣。”

《合璧事类》：觉林寺僧志崇制茶有三等：待客以惊雷荚，自奉以萱草带，供佛以紫茸香。凡赴茶者，辄以油囊盛余沥。

江南有驿官，以干事自任。白太守曰：“驿中已理，请一阅之。”刺史乃往，初至一室为酒库，诸酝皆熟，其外悬一画神，问：“何也？”曰：“杜康。”刺史曰：“公有余也。”又至一室为茶库，诸茗毕备，复悬画神，问：“何也？”曰：“陆鸿渐。”刺史益喜。又至一室为菹库，诸俎咸具，亦有画神，问：“何也？”曰：“蔡伯喈。”刺史大笑，曰：“不必置此。”

江浙间养蚕，皆以盐藏其茧而缫丝，恐蚕蛾之生也。每缫毕，即煎茶叶为汁，捣米粉搜之。筛于茶汁中

明·谢时臣 文会图（局部）

煮为粥，谓之洗缸粥。聚族以啜之，谓益明年之蚕。

《经钼堂杂志》：松声、涧声、禽声、夜虫声、鹤声、琴声、棋声、落子声、雨滴阶声、雪洒窗声、煎茶声，皆声之至清者。

《松漠纪闻》：燕京茶肆设双陆局，如南人茶肆中置棋具也。

《梦粱录》：茶肆列花架，安顿奇松、异桧等物于其上，装饰店面，敲打响盏。又冬月添卖七宝擂茶、馓子葱茶。茶肆楼上专安着妓女，名曰花茶坊。

《南宋市肆记》：平康歌馆，凡初登门，有提瓶献茗者。虽杯茶，亦犒数千，谓之点花茶。

诸处茶肆，有清乐茶坊、八仙茶坊、珠子茶坊、潘家茶坊、连三茶坊、连二茶坊等名。谢府有酒名胜茶。

宋《都城纪胜》：大茶坊皆挂名人书画，人情茶坊本以茶汤为正。水茶坊，乃娼家聊设果凳，以茶为由，后生辈甘于费钱，谓之干茶钱。又有提茶瓶及龊茶名色。

《臆乘》：杨炫之作《洛阳伽蓝记》，曰食有酪奴，盖指茶为酪粥之奴也。

《琅環记》：昔有客遇茅君，时当大暑，茅君于手巾内解茶叶，人与一叶，客食之五内清凉。茅君曰：

"此蓬莱穆陀树叶，众仙食之以当饮。"又有宝文之蕊，食之不饥，故谢幼贞诗云："摘宝文之初蕊，拾穆陀之坠叶。"

杨南峰《手镜》载：宋时姑苏女子沈清友，有《续鲍令晖香茗赋》。

孙月峰《坡仙食饮录》：密云龙茶极为甘馨，宋廖正，一字明略，晚登苏门，子瞻大奇之。时黄、秦、晁、张号苏门四学士，子瞻待之厚，每至必令侍妾朝云取密云龙烹以饮之。一日，又命取密云龙，家人谓是四学士，窥之乃明略也。山谷诗有"矞云龙"，亦茶名。

《嘉禾志》：煮茶亭在秀水县西南湖中，景德寺之东禅堂。宋学士苏轼与文长老尝三过湖上，汲水煮茶，后人因建亭以识其胜。今遗址尚存。

《名胜志》：茶仙亭在滁州琅琊山，宋时寺僧为刺史曾肇建，盖取杜牧《池州茶山病不饮酒》诗"谁知病太守，犹得作茶仙"之句。子开诗云："山僧独好事，为我结茅茨。茶仙榜草圣，颇宗樊川诗。"盖绍圣二年肇知是州也。

陈眉公《珍珠船》：蔡君谟谓范文正曰："公《采茶歌》云：黄金碾畔绿尘飞，碧玉瓯中翠涛起。今茶绝品，其色甚白，翠绿乃下者耳，欲改为'玉尘飞’‘素涛起’，如何？”希文曰“善”。又，蔡君谟嗜茶，老病不能饮，但把玩而已。

《潜确类书》：宋绍兴中，少卿曹戬之母喜茗饮。山初无井，戬乃斋戒祝天，斫地才尺，而清泉溢涌，因名孝感泉。大理徐恪，建人也，见贻乡信铤子茶，茶面印文曰“玉蝉膏”，一种曰“清风使”。

蔡君谟善别茶，建安能仁院有茶生石缝间，盖精品也。寺僧采造得八饼，号石岩白。以四饼遗君谟，以四饼密遣人走京师遗王内翰禹玉。岁余，君谟被召还阙，过访禹玉，禹玉命子弟于茶筒中选精品碾以待蔡，蔡捧瓯未尝，辄曰：“此极似能仁寺石岩白，公何以得之？”禹玉未信，索帖验之，乃服。

《月令广义》：蜀之雅州名山县蒙山有五峰，峰顶有茶园，中顶最高处曰上清峰，产甘露茶。昔有僧病冷且久，尝遇老父询其病，僧具告之。父曰：“何不饮茶？”僧曰：“本以茶冷，岂能止乎？”父曰：“是非常茶，仙家有所谓雷鸣者，而亦闻乎？”僧曰：“未也。”父曰：“蒙之中顶有茶，当以春分前后多构人力，俟雷之发声，并手采摘，以多为贵，至三日乃止。若获一两，以本处水煎服，能祛宿疾。服二两，终身无病。服三两，可以换骨。服四两，即为地仙。但精洁治之，无不效者。”僧因之中顶筑室，以俟及期，获一两余，服未竟而病瘥。惜不能久住博求。而精健至八十余岁，气力不衰。时到城市，观其貌若年三十余者，眉发绀绿。后入青城山，不知所终。今四顶茶园不废，惟中顶草木繁茂，重云积雾，蔽亏日月，鸷兽时出，人迹罕到矣。

《太平清话》：张文规以吴兴白苎、白萍洲、明月峡中茶为三绝。文规好学，有文藻。苏子由、孔武仲、何正臣诸公，皆与之游。

夏茂卿《茶董》：刘煜，字子仪，尝与刘筠饮茶，问左右："汤滚也未？"众曰："已滚。"筠云："佥曰鲧哉。"煜应声曰："吾与点也。"

黄鲁直以小龙团半铤，题诗赠晁无咎，有云："曲几蒲团听煮汤，煎成车声绕羊肠。鸡苏胡麻留渴羌，不应乱我官焙香。"东坡见之曰："黄九恁地怎得不穷。"

陈诗教《灌园史》：杭妓周韶有诗名，好蓄奇茗，尝与蔡公君谟斗胜，题品风味，君谟屈焉。

江参，字贯道，江南人，形貌清癯，嗜香茶以为生。

《博学汇书》：司马温公与子瞻论茶墨云："茶与墨二者正相反，茶欲白，墨欲黑；茶欲重，墨欲轻；茶欲新，墨欲陈。"苏曰："上茶妙墨俱香，是其德同也；皆坚，是其操同也。"公叹以为然。

元耶律楚材诗《在西域作茶会值雪》，有“高人惠我岭南茶，烂赏飞花雪没车”之句。

《云林遗事》：光福徐达左，构养贤楼于邓尉山中，一时名士多集于此。元镇为尤数焉，尝使童子入山担七宝泉，以前桶煎茶，以后桶濯足。人不解其意，或问之，曰：“前者无触，故用煎茶，后者或为泄气所秽，故以为濯足之用。”其洁癖如此。

陈继儒《妮古录》：至正辛丑九月三日，与陈征君同宿愚庵师房，焚香煮茗，图石梁秋瀑，翛然有出尘之趣。黄鹤山人王蒙题画。

周叙《游嵩山记》：见会善寺中有元雪庵头陀茶榜石刻，字径三寸，遒伟可观。

钟嗣成《录鬼簿》：王实甫有《苏小郎夜月贩茶船》传奇。

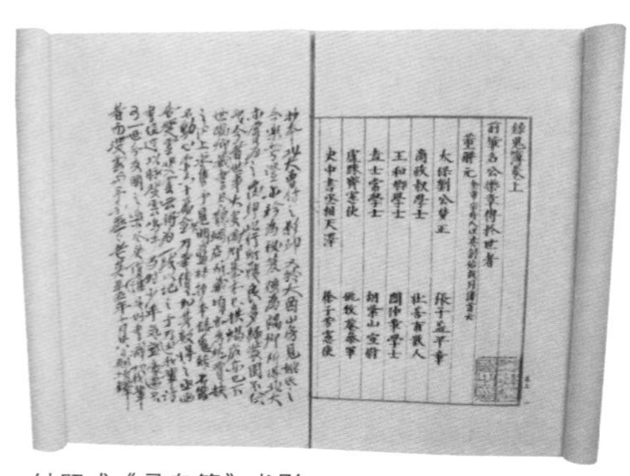
錄鬼簿卷上
前輩名公樂章傳於世者
董解元
商政叔學士　杜善夫散人
王和卿學士　閻仲章學士
盍士常學士　胡紫山宣慰
盧疏齋憲使　姚牧菴參軍
史中書丞相天澤　徐子芳憲使

钟嗣成《录鬼簿》书影

《吴兴掌故录》：明太祖喜顾渚茶，定制岁贡止三十二斤，于清明前二日，县官亲诣采茶，进南京奉先殿焚香而已，未尝别有上供。

《七修汇稿》：明洪武二十四年，诏天下产茶之地，岁有定额，以建宁为上，听茶户采进，勿预有司。茶名有四：探春、先春、次春、紫笋，不得碾揉为大小龙团。

杨维桢《煮茶梦记》：铁崖道人卧石床，移二更，月微明，及纸帐梅影，亦及半窗，鹤孤立不鸣。命小芸童汲白莲泉，燃槁湘竹，授以凌霄芽为饮供。乃游心太虚，恍兮入梦。

陆树声《茶寮记》：园居敞小寮于啸轩埤垣之西，中设茶灶，凡瓢汲、罂、注、濯、拂之具咸庀。择一人稍通茗事者主之，一人佐炊汲。客至，则茶烟隐隐起竹外。其禅宾过从予者，与余相对结跏趺坐，啜茗汁，举无生话。时杪秋既望，适园无净居士，与五台僧演镇、终南僧明亮，同试天池茶于茶寮中。谩记。

《墨娥小录》：千里茶，细茶一两五钱，孩儿茶一两，柿霜一两，粉草末六钱，薄荷叶三钱。右为细末调匀，炼蜜丸如白豆大，可以代茶，便于行远。

汤临川《题饮茶录》：陶学士谓“汤者，茶之司命”，此言最得三味。冯祭酒精于茶政，手自料涤，然后饮客。客有笑者，余戏解之云：“此正如美人，又如古法书名画，度可着俗汉手否！”

陆釴《病逸漫记》：东宫出讲，必使左右迎请讲官。讲毕，则语东宫官云：“先生吃茶。”

《玉堂丛语》：愧斋陈公，性宽坦，在翰林时，夫人尝试之。会客至，公呼：“茶！”夫人曰：“未煮。”公曰：“也罢。”又呼曰：“干茶！”夫人曰：“未买。”公曰：“也罢。”客为捧腹，时号“陈也罢”。

沈周《客坐新闻》：吴僧大机所居古屋三四间，洁净不容唾。善瀹茗，有古井清冽为称。客至，出一瓯为供饮之，有涤肠湔胃之爽。先公与交甚久，亦嗜茶，每入城必至其所。

沈周《书岕茶别论后》：自古名山，留以待羁人迁客，而茶以资高士，盖造物有深意。而周庆叔者为《岕茶别论》，以行之天下。度铜山金穴中无此福，又恐仰屠门而大嚼者未必领此味。庆叔隐居长兴，所至载茶具，邀余素瓯黄叶间，共相欣赏。恨鸿渐、君谟不见庆

沈周像

明·青玉灵芝耳寿字乳丁纹杯

叔耳，为之覆茶三叹。

冯梦桢《快雪堂漫录》：李于鳞为吾浙按察副使，徐子与以岕茶之最精饷之。比看子与于昭庆寺问及，则已赏皂役矣。盖岕茶叶大梗多，于鳞北士，不遇宜也。纪之以发一笑。

闵元衡《玉壶冰》：良宵燕坐，篝灯煮茗，万籁俱寂，疏钟时闻，当此情景，对简编而忘疲，彻衾枕而不御，一乐也。

《瓯江逸志》：永嘉岁进茶芽十斤，乐清茶芽五斤，瑞安、平阳岁进亦如之。

雁山五珍：龙湫茶、观音竹、金星草、山乐、官、香鱼也。茶即明茶。紫色而香者，名玄茶，其味皆似天池而稍薄。

王世懋《二酉委谭》：余性不耐冠带，暑月尤甚，豫章天气蚤热，而今岁尤甚。春三月十七日，觞客于滕王阁，日出如火，流汗接踵，头涔涔几不知所措。

归而烦闷，妇为具汤沐，便科头裸身赴之。时西山云雾新茗初至，张右伯适以见遗，茶色白大，作豆子香，几与虎邱埒。余时浴出，露坐明月下，亟命侍儿汲新水烹尝之。觉沆瀣入咽，两腋风生。念此境味，都非宦路所有。琳泉蔡先生老而嗜茶，尤甚于余。时已就寝，不可邀之共啜。晨起复烹遗之，然已作第二义矣。追忆夜来风味，书一通以赠先生。

《涌幢小品》：王琎，昌邑人，洪武初，为宁波知府。有给事来谒，具茶。给事为客居间，公大呼：“撤去！”给事惭而退。因号“撤茶太守”。

明・沈周 盆菊图（局部）

《临安志》：栖霞洞内有水洞，深不可测，水极甘洌，魏公尝调以瀹茗。

《西湖志余》：杭州先年有酒馆而无茶坊，然富家燕会，犹有专供茶事之人，谓之茶博士。

《潘子真诗话》：叶涛诗极不工而喜赋咏，尝有《试茶》诗云："碾成天上龙兼凤，煮出人间蟹与虾。"好事者戏云："此非试茶，乃碾玉匠人尝南食也。"

董其昌《容台集》：蔡忠惠公进小团茶，至为苏文忠公所讥，谓与钱思公进姚黄花同失士气。然宋时君臣之际，情意蔼然，犹见于此。且君谟未尝以贡茶干宠，第点缀太平世界一段清事而已。东坡书欧阳公滁州二记，知其不肯书《茶录》。余以苏法书之，为公忏悔。否则蛰龙诗句，几临汤火，有何罪过。凡持论不大远人情可也。

金陵春卿署中，时有以松萝茗相贻者，平平耳。归来山馆得啜尤物，询知为闵汶水所蓄。汶水家在金陵，与余相及，海上之鸥，舞而不下，盖知希为贵，鲜游大人者。昔陆羽以精茗事，为贵人所侮，作《毁茶论》，如汶水者，知其终不作此论矣。

李日华《六研斋笔记》：摄山栖霞寺有茶坪，茶生榛莽中，非经人剪植者。唐陆羽入山采之，皇甫冉做诗送之。

《紫桃轩杂缀》：泰山无茶茗，山中人摘青桐芽点饮，号女儿茶。又有松苔，极饶奇韵。

《钟伯敬集》:《茶讯》诗云:“犹得年年一度行，嗣音幸借采茶名。”伯敬与徐波元叹交厚，吴楚风烟相隔数千里，以买茶为名，一年通一讯，遂成佳话，谓之茶讯。

尝见《茶供说》云：娄江逸人朱汝圭，精于茶事，将以茶隐，欲求为之记，愿岁岁采渚山青芽，为余作供。余观楞严坛中设供，取白牛乳、砂糖、纯蜜之类。西方沙门婆罗门，以葡萄、甘蔗浆为上供，未有以茶供者。鸿渐长于苾刍者也，杼山禅伯也，而鸿渐《茶经》、杼山《茶歌》俱不云供佛。西土以贯花燃香供佛，不以茶供，斯亦供养之缺典也。汝圭益精心治办茶事，金芽素瓷，清净供佛，他生受报，往生香国。经诸妙香而作佛事，岂但如丹丘羽人饮茶，生羽翼而已哉。余不敢当汝圭之茶供，请以茶供佛。后之精于茶道者，以采茶供佛、为佛事，则自余之谂汝圭始，爰作《茶供说》以赠上。

《五灯会元》：摩突罗国有一青林枝叶茂盛地，名曰优留茶。

僧问如宝禅师曰:“如何是和尚家风？”师曰:“饭后三碗茶。”僧问谷泉禅师曰:“未审客来，如何祇

世尊拈花如虫禦
木迦葉微笑偶尔
成文累他後代兒
孫一一聯芳續焰

五燈會元卷第二

四祖大醫禪師旁出法嗣第一世

牛頭山法融禪師者潤州延陵人也姓韋氏年十九學通經史尋閱大部般若曉達真空忽一日歎曰儒道世典非究竟法般若正觀出世舟航遂隱茅山投師落髮後入牛頭山幽棲寺北巖之石室有百鳥銜花之異唐貞觀中四祖遙觀氣象知彼山有奇異之人乃躬自尋訪問寺僧此間有道人否曰出家兒那箇不是道人祖曰阿那箇是道人僧無對別僧曰此去山中十里許有一懶融見人不起亦不合掌莫是

師塔曰元和靈照　皇朝開寶初王師平南海劉氏殘兵作梗祖之塔廟鞠爲煨燼而真身爲守塔僧保護一無所損尋有　制興修功未竟會太宗皇帝即位留心禪宗頗增壯麗焉

長遠寺

五燈會元卷第十四

曹洞宗

青原下七世

洞山延禪師法嗣

上藍慶禪師　同安慧敏禪師

金峯志禪師法嗣

天池智隆禪師

鹿門真禪師法嗣

谷隱智靜禪師　益州崇真禪師

鹿門譚禪師　佛手巖因禪師

長遠寺

《五灯会元》书影

待？”师曰：“云门胡饼赵州茶。”

《渊鉴类函》：郑愚《茶诗》：“嫩芽香且灵，吾谓草中英。夜臼和烟捣，寒炉对雪烹。”因谓茶曰草中英。

素馨花曰裨茗，陈白沙《素馨记》以其能少裨于茗耳。一名那悉茗花。

《佩文韵府》：元好问诗注：“唐人以茶为小女美称。”

《黔南行记》：陆羽《茶经》纪黄牛峡茶可饮，因令舟人求之。有媪卖新茶一笼，与草叶无异，山中无好事者故耳。

初余在峡州问士大夫黄陵茶，皆云粗涩不可饮。试问小吏，云：“惟僧茶味善。”令求之，得十饼，价甚平也。携至黄牛峡，置风炉清樾间，身自候汤，手擩得味。既以享黄牛神，且酌元明尧夫云：“不减江南茶味也。”乃知夷陵士大夫以貌取之耳。

《九华山录》：至化城寺，谒金地藏塔，僧祖瑛献土产茶，味可敌北苑。

冯时可《茶录》：松郡佘山亦有茶，与天池无异，顾采造不如。近有比丘来，以虎丘法制之，味与松萝等。老衲亟逐之曰：“毋为此山开膻径而置火坑。”

冒巢民《岕茶汇钞》：忆四十七年前，有吴人柯姓者，熟于阳羡茶山，每桐初露白之际，为余入岕，箬笼携来十余种，其最精妙者，不过斤许数两耳。味老香深，具芝兰金石之性。十五年以为恒。后宛姬从吴门归余，则岕片必需半塘顾子兼，黄熟香必金平叔，茶香双妙，更入精微。然顾、金茶香之供，每岁必先虞山柳夫人、吾邑陇西之旧姬与余共宛姬，而后他及。

清·吴昌硕 品茗图

吴昌硕爱梅也爱茶，常将茶与梅作为题材，造成奇特的意境。在这幅《品茗图》中，一丛梅枝斜出，生动有致；作为画面主角的茶壶、茶杯则充满拙趣。所题“梅梢春雪活火煎，山中人兮仙乎仙”，则表达了作者希望摆脱人间尘杂，与二三子品茗赏梅的内心世界。

金沙于象明携岕茶来，绝妙。金沙之于精鉴赏，甲于江南，而岕山之棋盘顶，久归于家，每岁其尊人必躬往采制。今夏携来庙后、棋顶、涨沙、本山诸种，各有差等，然道地之极真极妙，二十年所无。又辨水候火，与手自洗，烹之细洁，使茶之色香性情，从文人之奇嗜异好，一一淋漓而出。诚如丹丘羽人所谓饮茶生羽翼者，真衰年称心乐事也。

吴门七十四老人朱汝圭，携茶过访。与象明颇同，多花香一种。汝圭之嗜茶自幼，如世人之结斋于胎年，十四入岕，迄今，春夏不渝者百二十番，夺食色以好之。有子孙为名诸生，老不受其养。谓不嗜茶，为不似阿翁。每竦骨入山，卧游虎虺，负笼入肆，啸傲瓯香。晨夕涤瓷洗叶，啜弄无休，指爪齿颊与语言激扬赞颂之津津，恒有喜神妙气与茶相长养，真奇癖也。

《岭南杂记》：潮州灯节，饰姣童为采茶女，每队十二人或八人，手挈花篮，迭进而歌，俯仰抑扬，备极妖研。又以少长者二人为队首，擎彩灯，缀以扶桑、茉莉诸花。采女进退作止，皆视队首。至各衙门或巨室唱歌，赉以银钱、酒果。自十三夕起至十八夕而止。余录其歌数首，颇有《前溪》《子夜》之遗。

郎瑛《七修类稿》：歙人闵汶水，居桃叶渡上，予往品茶其家，见其水火皆自任，以小酒盏酌客，颇极烹饮态，正如德山担青龙钞，高自矜许而已，不足异也。秣陵好事者，尝诮闽无茶，谓闽客得闽茶咸制为罗囊，佩而嗅之以代旃檀。实则闽不重汶水也。闽客游秣陵者，宋比玉、洪仲章辈，类依附吴儿强作解事，贱家鸡而贵野鹜，宜为其所诮欤。三山薛老亦秦淮汶水也。薛尝言汶水假他味作兰香，究使茶之真味尽失。汶水而在，闻此亦当色沮。薛尝住屴崱，自为剪焙，遂欲驾汶水上。余谓茶难以香名，况以兰定茶，乃咫尺见也，颇以薛老论为善。

明·仇英 竹院品古册页

此图表现文人雅士聚于竹庭之中，品评古玩字画。屏后一僮正扇炉烹茶。

延邵人呼制茶人为碧竖，富沙陷后，碧竖尽在绿林中矣。

蔡忠惠《茶录》石刻在瓯宁邑庠壁间。予五年前拓数纸寄所知，今漫漶不如前矣。

闽酒数郡如一，茶亦类是。今年予得茶甚夥，学坡公义酒事，尽合为一，然与未合无异也。

李仙根《安南杂记》：交趾称其贵人曰翁茶。翁茶者，大官也。

《虎丘茶经补注》：徐天全自金齿谪回，每春末夏初，入虎丘开茶社。

罗光玺作《虎丘茶记》，嘲山僧有“替身茶”。

吴匏庵与沈石田游虎丘，采茶手煎对啜，自言有茶癖。

《渔洋诗话》：林确斋者，亡其名，江右人。居冠石，率子孙种茶，躬亲畚锸负担，夜则课读《毛诗》《离骚》。过冠石者，见三四少年，头着一幅布，赤脚挥锄，琅然歌出金石，窃叹以为古图画中人。

《尤西堂集》有《戏册茶为不夜侯制》。

朱彝尊《日下旧闻》：上巳后三日，新茶从马上至，至之日宫价五十金，外价二三十金。不一二日，即二三金矣。见《北京岁华记》。

《曝书亭集》：锡山听松庵僧性海，制竹火炉，王舍人过而爱之，为作山水横幅，并题以诗。岁久炉坏，盛太常因而更制，流传都下，群公多为吟咏。顾梁汾典籍仿其遗式制炉，及来京师，成容若侍卫以旧图赠之。丙寅之秋，梁汾携炉及卷过余海波寺寓，适姜西溟、周青士、孙恺似三子亦至，坐青藤下，烧炉试武夷茶，相与联句成四十韵，用书于册，以示好事之君子。

蔡方炳《增订广舆记》：湖广长沙府攸县，古迹有茶王城，即汉茶陵城也。

葛万里《清异录》：倪元镇饮茶用果按者，名清泉白石。非佳客不供。有客请见，命进此茶。客渴，再及而尽，倪意大悔，放盏入内。

黄周星九烟梦读《采茶赋》，只记一句云：施凌云以翠步。

《别号录》：宋曾几吉甫，别号茶山。明许应元子春，别号茗山。

《随见录》：武夷五曲朱文公书院内有茶一株，叶有臭虫气，及焙制出时，香逾他树，名曰臭叶香茶。又有老树数株，云系文公手植，名曰宋树。

［补］《西湖游览志》：立夏之日，人家各烹新茗，配以诸色细果，馈送亲戚比邻，谓之七家茶。

南屏谦师妙于茶事，自云得心应手，非可以言传

明・李士达 坐听松风图轴（局部）

学到者。

刘士亨有《谢璘上人惠桂花茶》诗云：金粟金芽出焙篝，鹤边小试兔丝瓯。叶含雷信三春雨，花带天香八月秋。味美绝胜阳羡种，神清如在广寒游。玉川句好无才续，我欲逃禅问赵州。

李世熊《寒支集》：新城之山有异鸟，其音若箫，遂名曰箫曲山。山产佳茗，亦名箫曲茶。因作歌纪事。

《禅元显教篇》：徐道人居庐山天池寺，不食者九年矣。畜一墨羽鹤，尝采山中新茗，令鹤衔松枝烹之。遇道流，辄相与饮几碗。

张鹏翀《抑斋集》有《御赐郑宅茶赋》云：青云幸接于后尘，白日捧归乎深殿。从容步缓，膏芬齐出螭头；肃穆神凝，乳滴将开蜡面。用以濡毫，可媲文章之草；将之比德，勉为精白之臣。

八、茶之出

《国史补》：风俗贵茶，其名品益众。剑南有蒙顶石花，或小方、散芽，号为第一。湖州有顾渚之紫笋，东川有神泉小团、绿昌明、兽目。峡州有小江园、碧涧寮、明月房、茱萸寮，福州有柏岩、方山露芽，婺州有东白、举岩、碧貌，建安有青凤髓，夔州有香山，江陵有楠木，湖南有衡山，睦州有鸠坑。洪州有西山之白露，寿州有霍山之黄芽。绵州之松岭，雅州之露芽，南康之云居，彭州之仙崖、石花，渠江之薄片，邛州之火井、思安，黔阳之都濡、高株，泸川之纳溪、梅岭，义兴之阳羡、春池、阳凤岭，皆品第之最著者也。

《文献通考》：片茶之出于建州者有龙、凤、石乳、的乳、白乳、头金、蜡面、头骨、次骨、末骨、粗骨、山挺十二等，以充岁贡及邦国之用。洎本路食茶，余州片茶，有进宝双胜、宝山两府出

茶在中国的迁移

茶最早源于中国的西南地区，后来逐渐传播开来，中国适宜种茶的地区很多，主要集中在西南三省、江南地区、两广和福建等地。

兴国军；仙芝、嫩蕊、福合、禄合、运合、脂合，出饶、池州；泥片出虔州；绿英、金片出袁州；玉津出临江军；灵川出福州；先春、早春、华英、来泉、胜金出歙州；独行灵草、绿芽片金、金茗出潭州；大拓枕出江陵、大小巴陵；开胜、开卷、小卷、生黄翎毛出岳州；双上绿牙、大小方，出岳、辰、澧州；东首、浅山薄侧出光州。总二十六名，其两浙及宣、江、鼎州止以上中下或第一至第五为号。其散茶，则有太湖、龙溪、次号、末号出淮南；岳麓、草子、杨树、雨前、雨后出荆湖；清口出归州；茗子出江南。总十一名。

叶梦得《避暑录话》：北苑茶正所产为曾坑，谓之正焙；非曾坑为沙溪，谓之外焙。二地相去不远，而茶种悬绝。沙溪色白过于曾坑，但味短而微涩，识者一啜，如别泾渭也。余始疑地气土宜，不应顿异如此。及来山中，每开辟径路，刳治岩窦，有寻丈之间，土色各殊，肥瘠紧缓燥润，亦从而不同。并植两木于数步之间，封培灌溉略等，而生死丰悴如二物者。然后知事不经见，不可必信也。草茶极品惟双井、顾渚，亦不过各有数亩。双井在分宁县，其地属黄氏鲁直家也。元祐间，鲁直力推赏于京师，族人交致之，然岁仅得一二斤尔。顾渚在长兴县，所谓吉祥寺也，其半为今刘侍郎希范家所有。两地所产，岁亦止五六斤。近岁寺僧求之者，多不暇精择，不及刘氏远甚。余岁求于刘氏，过半斤则不复佳。盖茶味虽均，其精者在嫩芽。取其初萌如雀舌者，谓之枪。稍敷而为叶者，谓之旗。旗非所贵，不得已取一枪一旗犹可，过是则老矣。此所以为难得也。

《归田录》：腊茶出于剑建，草茶盛于两浙。两浙之品，日注为第一。自景祐以后，洪州双井白芽渐盛，近岁制作尤精，囊以红纱，不过一二两，以常茶十数斤养之，用避暑湿之气。其品远出日注上，遂为草茶第一。

《云麓漫钞》：茶出浙西，湖州为上，江南常州次之。湖州出长兴顾渚山中，常州出义兴君山悬脚岭北岸下等处。

《蔡宽夫诗话》：玉川子《谢孟谏议寄新茶》诗有“手阅月团三百片”及“天子须尝阳羡茶”之句。则孟所寄，乃阳羡茶也。

杨文公《谈苑》：“蜡茶出建州，陆羽《茶经》尚未知之，但言福建等州未详，往往得之，其味极佳。江左近日方有蜡面之号。”丁谓《北苑茶录》云：“创造之始，莫有知者。”质之三馆检讨杜镐，亦曰在江左日，始记有研膏茶。欧阳公《归田录》亦云“出福建”，而不言所起。按唐氏诸家说中，往往有蜡面茶之语，则是自唐有之也。

《事物纪原》：江左李氏别令取茶之乳作片，或号京铤、的乳及骨子等，是则京铤之品，自南唐始也。《苑录》云：“的乳以降，以下品杂炼售之，惟京师去者，至真不杂，意由此得名。”或曰，自开宝来，方有此茶。当时识者云，金陵僭国，惟曰都下，而以朝廷为京师。今忽有此名，其将归京师乎！

罗廪《茶解》：按唐时产茶地，仅仅如季疵所称。而今之虎丘、罗岕、天池、顾渚、松萝、龙井、雁宕、武夷、灵川、大盘、日铸、朱溪诸名茶，无一与焉。乃知灵草在有之。但培植不佳，或疏于采制耳。

《潜确类书·茶谱》：袁州之界桥，其名甚著，不若湖州之研膏、紫笋，烹之有绿脚垂下。又婺州有举岩茶，片片方细，所出虽少，味极甘芳，煎之如碧玉之乳也。

《农政全书》：玉垒关外宝唐山，有茶树产悬崖，笋长三寸五寸，方有一叶两叶。涪州出三般茶，最上宾化，其次白马，最下涪陵。

《煮泉小品》：茶自浙以北皆较胜。惟闽广以南，不惟水不可轻饮，而茶亦当慎之。昔鸿渐未详岭南诸茶，但云"往往得之，其味极佳"。余见其地多瘴疠之气，染着水草，北人食之，多致成疾，故谓人当慎之也。

《茶谱通考》：岳阳之含膏冷，剑南之绿昌明，蕲门之团黄，蜀川之雀舌，巴东之真香，夷陵之压砖，龙安之骑火。

《江南通志》：苏州府吴县西山产茶，谷雨前采焙极细者，贩于市，争先腾价，以雨前为贵也。

《吴郡虎丘志》：虎丘茶，僧房皆植，名闻天下。谷雨前摘细芽焙而烹之，其色如月下白，其味如豆花香。近因官司征以馈远，山僧供茶一斤，费用银数钱。是以苦于赍送。树不修葺，甚至刈斫之，因以绝少。

米襄阳《志林》：苏州穹隆山下有海云庵，庵中有二茶树，其二株皆连理，盖二百余年矣。

《姑苏志》：虎丘寺西产茶，朱安雅云："今二山门西偏，本名茶岭。"

陈眉公《太平清话》：洞庭中西尽处，有仙人茶，乃树上之苔藓也，四皓采以为茶。

《图经续记》：洞庭小青山坞出茶，唐宋入贡。下有水月寺，因名水月茶。

《古今名山记》：支硎山茶坞多种茶。

洞庭山，随着碧螺春声名鹊起。

《随见录》：洞庭山有茶，微似岕而细，味甚甘香，俗呼为“吓杀人”。产碧螺峰者尤佳，名碧螺春。

《松江府志》：佘山在府城北，旧有佘姓者修道于此，故名。山产茶与笋，并美，有兰花香味。故陈眉公云：“余乡佘山茶与虎丘相伯仲。”

《常州府志》：武进县章山麓有茶巢岭，唐陆龟蒙尝种茶于此。

《天下名胜志》：南岳古名阳羡山，即君山北麓。孙皓即封国后，遂禅此山为岳，故名。唐时产茶充贡，即所云南岳贡茶也。

常州宜兴县东南别有茶山。唐时造茶入贡，又名唐贡山，在县东南三十五里，均山乡。

《武进县志》：茶山路在广化门外十里之内，大墩小墩连绵簇拥，有山之形。唐代湖、常二守会阳羡造茶修贡，由此往返，故名。

《檀几丛书》：茗山在宜兴县西南五十里永丰乡，皇甫曾有《送羽南山采茶》诗，可见唐时贡茶在茗山矣。

唐李栖筠守常州日，山僧献阳羡茶。陆羽品为芬芳冠世，产可供上方。遂置茶舍于洞灵观，岁造万两入贡。后韦夏卿徙于无锡县罨画溪上，去湖汊一里所。许有谷诗云“陆羽名荒旧茶舍，却教阳羡置邮忙”是也。

义兴南岳寺，唐天宝中有白蛇衔茶子坠寺前，寺僧种之庵侧，由此滋蔓，茶味倍佳，号曰蛇种。土人重之，每岁争先饷遗。官司需索，修贡不绝。迨今方春采茶，清明日，县令躬享白蛇于卓锡泉亭，隆厥典也。后来檄取，山农苦之，故袁高有“阴岭茶未吐，使者牒已频”之句。郭三益诗：“官符星火催春焙，却使山僧怨白蛇。”卢仝《茶歌》：“安知百万亿苍生，命坠颠崖受辛苦。”可见贡茶之累民，亦自古然矣。

《洞山茶系》：罗岕，去宜兴而南，逾八九十里。浙直分界，只一山冈，冈南即长兴山。两峰相阻，介就夷旷者，人呼为岕云。履其地，始知古人制字有意。今字书“岕”字，但注云“山名耳”。有八十八处，前横大涧，水泉清驶，漱润茶根，泄山土之肥泽，故洞山为诸岕之最。自西氿溯涨渚而入，取道茗岭，甚险恶。［县西南八十里。］自东氿溯湖汊而入，取道瀍岭，稍夷，才通车骑。

所出之茶，厥有四品：第一品，老庙后。庙祀山之土神者，瑞草丛郁，殆比茶星肸蠁矣。地不下二三亩，苕溪姚象先与婿分有之。茶皆古本，每年产不过二十斤，色淡黄不绿，叶筋淡白而厚，制成梗绝少。入汤色柔白如玉露，味甘，芳香藏味中，空濛深永，啜之愈出，致在有无之外。第二品，新庙后、棋盘顶、纱帽顶、毛巾条、姚八房及吴江周氏地，产茶亦不能多。香幽色白，味冷隽，与老庙不甚别，啜之差觉其薄耳。此皆洞顶岕也。总之岕品至此，清如孤竹，和如柳下，并入圣矣。今人以色浓香烈为岕茶，真耳食而眯其似也。第三品，庙后涨沙、大袁头、姚洞、罗洞、王洞、范洞、白石。第四品，下涨沙、梧桐洞、余洞、石场、丫头岕、留青岕、黄龙、岩灶、龙池，此皆平洞本岕也。外山之长潮、青口、箵庄、顾渚、茅山岕，俱不入品。

《岕茶汇钞》：洞山茶之下者，香清叶嫩，着水香消。棋盘顶、纱帽顶、雄鹅头、茗岭，皆产茶地。诸地有老柯、嫩柯，惟老庙后无二，梗叶丛密，香不外散，称为上品也。

《镇江府志》：润州之茶，傲山为佳。

《寰宇记》：扬州江都县蜀冈有茶园，茶甘旨如蒙顶。蒙顶在蜀，故以名冈。上有时会堂、春贡亭，皆造茶所，今废，见毛文锡《茶谱》。

《宋太平寰宇记》书影

《宋史·食货志》：散茶

出淮南，有龙溪雨前、雨后之类。

《安庆府志》：六邑俱产茶，以桐之龙山、潜之闵山者为最。莳茶源在潜山县。香茗山在太湖县。大小茗山在望江县。

《随见录》：宿松县产茶，尝之颇有佳种，但制不得法。倘别其地，辨其等，制以能手，品不在六安下。

《徽州志》：茶产于松萝，而松萝茶乃绝少，其名则有胜金、嫩桑、仙芝、来泉、先春、运合、华英之品，其不及号者为片茶八种。近岁茶名，细者有雀舌、莲心、金芽；次者为芽下白，为走林，为罗公；又其次者为开园，为软枝，为大方。制名号多端，皆松萝种也。

吴从先《茗说》：松萝，予土产也，色如梨花，香如豆蕊，饮如嚼雪。种愈佳，则色愈白，即经宿无茶痕，固足美也。秋露白片子更轻清若空，但香大惹人，难久贮，非富家不能藏耳。真者其妙若此，略混他地一片，色遂作恶，不可观矣。然松萝地如掌，所产几许，而求者四方云至，安得不以他混耶？

《黄山志》：莲花庵旁，就石缝养茶，多轻香冷韵，袭人断腭。

《昭代丛书》：张潮云："吾乡天都有抹山茶，茶生石间，非人力所能培植。味淡香清，足称仙品。采

明·崔子忠 杏园雅聚图（局部）

之甚难，不可多得。”

《随见录》：松萝茶近称紫霞山者为佳，又有南源、北源名色。其松萝真品殊不易得。黄山绝顶有云雾茶，别有风味，超出松萝之外。

《通志》：宁国府属宣、泾、宁、旌、太诸县，各山俱产松萝。

《名胜志》：宁国县鸦山在文脊山北，产茶充贡。《茶经》云“味与蕲州同”。宋梅询有“茶煮鸦山雪满瓯”之句。今不可复得矣。

《农政全书》：宣城县有丫山，形如小方饼横铺，茗芽产其上。其山东为朝日所烛，号曰阳坡，其茶最胜。太守荐之，京洛人士题曰“丫山阳坡横文茶”，一名“瑞草魁”。

《华夷花木考》：宛陵茗池源茶，根株颇硕，生于阴谷，春夏之交，方发萌芽。茎条虽长，旗枪不展，乍紫乍绿。天圣初，郡守李虚己同太史梅询尝试之，品以为建溪、顾渚不如也。

《随见录》：宣城有绿雪芽，亦松萝一类。又有翠屏等名色。其泾川涂茶，芽细、色白、味香，为上供之物。

《通志》：池州府属青阳、石埭、建德，俱产茶。贵池亦有之，九华山闵公墓茶，四方称之。

《九华山志》：金地茶，西域僧金地藏所植，今传枝梗空筒者是。大抵烟霞云雾之中，气常温润，与地上者不同，味自异也。

《通志》：庐州府属六安、霍山，并产名茶，其最著惟白茅贡尖，即茶芽也。每岁茶出，知州具本恭进。

六安州有小岘山出茶，名小岘春，为六安极品。霍山有梅花片，乃黄梅时摘制，色香两兼而味稍薄。又有银针、丁香、松萝等名色。

《紫桃轩杂缀》：余生平慕六安茶，适一门生作彼中守，寄书托求数两，竟不可得，殆绝意乎。

陈眉公《笔记》：云桑茶出琅琊山，茶类桑叶而小，山僧焙而藏之，其味甚清。

广德州建平县雅山出茶，色香味俱美。

《浙江通志》：杭州钱塘、富阳及余杭、径山多产茶。

《天中记》："杭州宝云山出者，名宝云茶。下天竺香林洞者，名香林茶。上天竺白云峰者，名白云茶。"

田子艺云："龙泓今称龙井，因其深也。《郡志》称有龙居之，非也。盖武林之山，皆发源天目，有龙飞凤舞之谶，故西湖之山以龙名者多，非真有龙居之也。有龙，则泉不可食矣。泓上之阁，亟宜去之，浣花诸池尤所当浚。”

《湖壖杂记》：龙井产茶，作豆花香，与香林、宝云、石人坞、垂云亭者绝异。采于谷雨前者尤佳，啜之淡然，似乎无味，饮过后，觉有一种太和之气，弥沦于齿颊之间，此无味之味乃至味也。为益于人不浅，故能疗疾。其贵如珍，不可多得。

《坡仙食饮录》：宝严院垂云亭亦产茶，僧怡然以垂云茶见饷，坡报以大龙团。

陶谷《清异录》：开宝中，窦仪以新茶饷予，味极美，奁面标云龙陂山子茶。龙陂是顾渚山之别境。

《吴兴掌故》：顾渚左右有大小官山，皆为茶园。明月峡在顾渚侧，绝壁削立，大涧中流，乱石飞走，茶生其间，尤为绝品。张文规诗所谓“明月峡中茶始

龙井茶园

生”，是也。

顾渚山，相传以为吴王夫差于此顾望原隰可为城邑，故名。唐时，其左右大小官山皆为茶园，造茶充贡，故其下有贡茶院。

《蔡宽夫诗话》：湖州紫笋茶出顾渚，在常、湖二郡之间，以其萌茁紫而似笋也。每岁入贡，以清明日到，先荐宗庙，后赐近臣。

冯可宾《岕茶笺》：环长兴境，产茶者曰罗嶰、曰白岩、曰乌瞻、曰青东、曰顾渚、曰篆浦，不可指数。独罗嶰最胜。环嶰境十里而遥为嶰者，亦不可指数。嶰而曰岕，两山之介也。罗隐隐此，故名，在小秦王庙后，所以称庙后罗岕也。洞山之岕，南面阳光，朝旭夕辉，云滃雾浡，所以味迥别也。

《名胜志》：茗山在萧山县西三里，以山中出佳茗也。又上虞县后山，茶亦佳。

《方舆胜览》：会稽有日铸岭，岭下有寺，名资寿。其阳坡名油车，朝暮常有日，茶产其地，绝奇。欧阳文忠云："两浙草茶，日铸第一。"

《紫桃轩杂缀》：普陀老僧贻余小岩茶一裹，叶有白茸，瀹之无色，徐引觉凉透心腑。僧云："本岩岁止五六斤，专供大士，僧得啜者寡矣。"

《普陀山志》：茶以白华岩顶者为佳。

明·唐寅 煮茶图（局部）

《天台记》：丹丘出大茗，服之生羽翼。

桑庄《茹芝续谱》：天台茶有三品：紫凝、魏岭、小溪是也。今诸处并无出产，而土人所需，多来自西坑、东阳、黄坑等处。石桥诸山，近亦种茶，味甚清甘，不让他郡，盖出自名山雾中，宜其多液而全厚也。但山中多寒，萌发较迟，兼之做法不佳，以此不得取胜。又所产不多，仅足供山居而已。

《天台山志》：葛仙翁茶圃在华顶峰上。

《群芳谱》：安吉州茶亦名紫笋。

《通志》：茶山在金华府兰溪县。

《广舆记》：鸠坑茶出严州府淳安县。方山茶出衢州府龙游县。

劳大与《瓯江逸志》：浙东多茶品，雁宕山称第一。每岁谷雨前三日，采摘茶芽进贡。一枪两旗而白毛者，名曰明茶；谷雨日采者，名雨茶。一种紫茶，其色红紫，其味尤佳，香气尤清，又名玄茶，其味皆似天池而稍薄。难种薄收，土人厌人求索，园圃中少种，间有之亦为识者取去。按卢仝《茶经》云："温州无好茶，天台瀑布水、瓯水味薄，惟雁宕山水为佳。"此茶亦为第一，曰去腥腻、除烦恼、却昏散、消积食。但以锡瓶贮者，得清香味，不以锡瓶贮者，其色虽不堪观，而滋味且佳，同阳羡山岕茶无二无别。采摘近夏，不宜早，炒做宜熟不宜生，如法可贮二三年。愈佳愈能消宿食醒酒，此为最者。

王草堂《茶说》：温州中墺及漈上茶皆有名，性不寒不热。

屠粹忠《三才藻异》：举岩，婺茶也，片片方细，煎如碧乳。

《江西通志》：茶山在广信府城北，陆羽尝居此。

洪州西山白露鹤岭，号绝品，以紫清香城者为最。及双井茶芽，即欧阳公所云"石上生茶如凤爪"者也。又罗汉茶如豆苗，因灵观尊者自西山持至，故名。

《南昌府志》：新建县鹅冈西有鹤岭，云物鲜美，草林秀润，产名茶异于他山。

《通志》：瑞州府出茶芽，廖暹《十咏》呼为雀舌香焙云。其余临江、南安等府俱出茶，庐山亦产茶。

袁州府界桥出茶，今称仰山、稠平、木平者佳，稠平者尤妙。

赣州府宁都县出林岕，乃一林姓者以长指甲炒之，采制得法，香味独绝，因之得名。

《名胜志》：茶山寺在上饶县城北三里，按《图经》，即广教寺。中有茶园数亩，陆羽泉一勺。羽性嗜茶，环居皆植之，烹以是泉，后人遂以广教寺为茶山寺云。宋有茶山居士曾吉甫，名几，以兄开忤秦桧，奉祠侨居此寺，凡七年，杜门不问世故。

《丹霞洞天志》：建昌府麻姑山产茶，惟山中之茶为上，家园植者次之。

《饶州府志》：浮梁县阳府山，冬无积雪，凡物早成，而茶尤殊异。金君卿诗云：“闻雷已荐鸡鸣笋，未

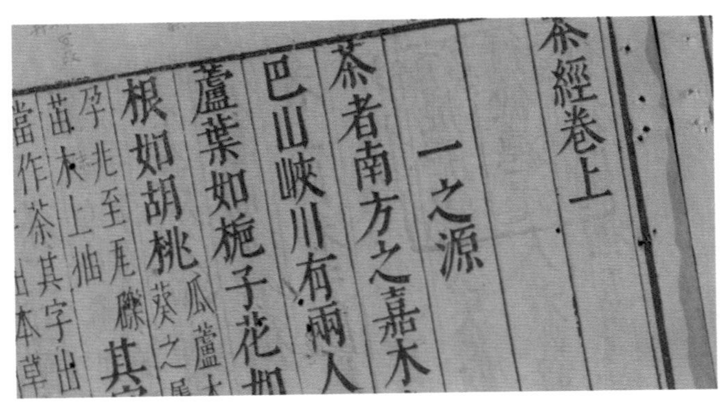
茶經卷上
一之源
茶者南方之嘉木
巴山峽川有兩人
蘆葉如梔子花
根如胡桃

《茶经》书影

雨先尝雀舌茶。”以其地暖故也。

《通志》：南康府出匡茶，香味可爱，茶品之最上者。

九江府彭泽县九都山出茶，其味略似六安。

《广舆记》：德化茶出九江府。又崇义县多产茶。

《吉安府志》：龙泉县匡山有苦斋，章溢所居，四面峭壁，其下多白云，上多北风，植物之味皆苦。野蜂巢其间，采花蕊作蜜，味亦苦。其茶苦于常茶。

《群芳谱》：太和山骞林茶，初泡极苦涩，至三四泡，清香特异，人以为茶宝。

《福建通志》：福州、泉州、建宁、延平、兴化、汀州、邵武诸府，俱产茶。

《合璧事类》：建州出大片方山之芽，如紫笋，片大极硬。须汤浸之，方可碾。治头痛，江东老人多服之。

《天下名山记》：鼓山半岩茶，色香，风味当为闽中第一。不让虎丘、龙井也。雨前者每两仅十钱，其价廉甚。一云前朝每岁进贡，至杨文敏当国，始奏罢之。然近来官取，其扰甚于进贡矣。

柏岩，福州茶也。岩即柏梁台。

《兴化府志》：仙游县出郑宅茶，真者无几，大都以赝者杂之，虽香而味薄。

陈懋仁《泉南杂志》：清源山茶，青翠芳馨，超轶天池之上。南安县英山茶，精者可亚虎丘，惜所产不若清源之多也。闽地气暖，桃李冬花，故茶较吴中差早。

《延平府志》：棕毛茶出南平县，半岩者佳。

《建宁府志》：北苑在郡城东，先是建州贡茶首称北苑龙团，而武夷石乳之名未著。至元时，设场于武夷，遂与北苑并称。今则但知有武夷，不知有北苑矣。吴越间人颇不足闽茶，而甚艳北苑之名，不知北苑实在闽也。

宋无名氏《北苑别录》：建安之东三十里，有山曰凤凰，其下直北苑，旁联诸焙，厥土赤壤，厥茶惟上上。太平兴国中，初为御焙，岁模龙凤，以羞贡篚，盖表珍异。庆历中，漕台益重其事，品数日增，制度日精。厥今茶自北苑上者，独冠天下，非人间所可得也。方其春虫震蛰，群夫雷动，一时之盛，诚为大观。故建人谓至建安而不至北苑，与不诣者同。仆因摄事，得研究其始末，姑摭其大概，修为十余类目，曰《北苑别录》云。

御园：九窠十二陇，麦窠，壤园，龙游窠，小苦竹，苦竹里，鸡薮窠，苦竹，苦竹源，鼯鼠窠，教练陇，凤凰山，大小焊，横坑，猿游陇，张坑，带园，焙东，中历，东际，西际，官平，石碎窠，上下官坑，虎膝窠，楼陇，蕉窠，新园，天楼基，院坑，曾坑，黄际，马鞍山，林园，和尚园，黄淡窠，吴彦山，罗汉山，水桑窠，铜场，师如园，灵滋，苑马园，高畲，大窠头，小山。右四十六所，广袤三十余里，自官平而上为内园，官坑而下为外园。方春灵芽萌坼，先民焙十余日，如九窠十二陇、龙游窠、小苦竹、张坑、西际，又为楚园之先也。

《东溪试茶录》：旧记建安郡官焙三十有八。

丁氏旧录云官私之焙千三百三十有六，而独记官焙三十二。东山之焙十有四：北苑龙焙一，乳橘内焙二，乳橘外焙三，重院四，壑岭五，渭源六。”范源七，苏口八，东宫九，石坑十，建溪十一，香口十二，火梨十三，开山十四。南溪之焙十有二：下瞿一，濛洲东二，汾东三，南溪四，斯源五，小香六，际会七，谢坑八，沙龙九，南香十，中瞿十一，黄熟十二。西溪之焙四：慈善西一，慈善东二，慈惠三，船坑四。北山之焙二：慈善东一，丰乐二。外有曾坑、石坑、壑源、叶源、佛岭、沙溪等处。惟壑源之茶，甘香特胜。

茶之名有七：一曰白茶，民间大重，出于近岁，园焙时有之。地不以山川远近，发不以社之先

明・钱谷 竹亭对棋图

后。芽叶如纸，民间以为茶瑞，取其第一者为斗茶。次曰柑叶茶，树高丈余，径头七八寸，叶厚而圆，状如柑橘之叶，其芽发即肥乳，长二寸许，为食茶之上品。三曰早茶，亦类柑叶，发常先春，民间采制为试焙者。四曰细叶茶，叶比柑叶细薄，树高者五六尺，芽短而不肥乳，今生沙溪山中，盖土薄而不茂也。五曰稽茶，叶细而厚密，芽晚而青黄。六曰晚茶，盖稽茶之类，发比诸茶较晚，生于社后。七曰丛茶，亦曰丛生茶，高不数尺，一岁之间发者数四，贫民取以为利。

《品茶要录》：壑源、沙溪，其地相背，而中隔一岭，其去无数里之遥，然茶产顿殊。有能出力移栽植之，亦为风土所化。窃尝怪茶之为草，一物耳，其势必犹得地而后异。岂水络地脉偏钟粹于壑源，而御焙占此大冈巍陇，神物伏护，得其余荫耶？何其甘芳精至而美擅天下也。观夫春雷一鸣，筠笼才起，售者已担簦挈橐于其门，或先期而散留金钱，或茶才入笪而争酬所直。故壑源之茶，常不足客所求。其有桀猾之园民，阴取沙溪茶叶，杂就家棬而制之。人耳其名，睨其规模之相若，不能原其实者，盖有之矣。凡壑源之茶售以十，则沙溪之茶售以五，其直大率仿此。然沙溪之园民，亦勇于觅利，或杂以松黄，饰其首面。凡肉理怯薄，体轻而色黄者，试时鲜白，不能久泛，香薄而味短者，沙溪之品也。凡肉理实厚，质体坚而色紫，试时泛盏凝久，香滑而味长者，壑源之品也。

《潜确类书》：历代贡茶以建宁为上，有龙团、凤团、石乳、滴乳、绿昌明、头骨、次骨、末骨、鹿骨、山挺等名，而密云龙最高，皆碾屑作饼。至国朝始用芽茶，曰探春、曰先春、曰次春、曰紫笋，而龙凤团皆废矣。

《名胜志》：北苑茶园属瓯宁县。旧《经》云："伪闽龙启中里人张晖，以所居北苑地宜茶，悉献之官，其名始著。"

《三才藻异》：石岩白，建安能仁寺茶也，生石缝间。

建宁府属浦城县江郎山出茶，即名江郎茶。

《武夷山志》：前朝不贵闽茶，即贡者亦只备宫中浣濯瓯盏之需。贡使类以价，货京师所有者纳之。间有采办，皆剑津廖地产，非武夷也。黄冠每市山下茶，登山贸之，人莫能辨。

武夷山茶洞，因产岩茶而闻名天下。

茶洞在接笋峰侧，洞门甚隘，内境夷旷，四周皆穹崖壁立。土人种茶，视他处为最盛。

崇安殷令招黄山僧以松萝法制建茶，真堪并驾，人甚珍之，时有“武夷松萝”之目。

王梓《茶说》：武夷山周回百二十里，皆可种茶。茶性，他产多寒，此独性温。其品有二：在山者为岩茶，上品；在地者为洲茶，次之。香清浊不同，且泡时岩茶汤白，洲茶汤红，以此为别。雨前者为头春，稍后为二春，再后为三春。又有秋中采者，为秋露白，最香。须种植、采摘、烘焙得宜，则香味两绝。然武夷本石山，峰峦载土者寥寥，故所产无几。若洲茶，所在皆是，即邻邑近多栽植，运至山中及星村墟市贾售，皆冒充武夷。更有安溪所产，尤为不堪。或品尝其味，不甚贵重者，皆以假乱真误之也。至于莲子心、白毫皆洲茶，或以木兰花熏成欺人，不及岩茶远矣。

张大复《梅花笔谈》:《经》云:“岭南生福州、建州。”今武夷所产，其味极佳，盖以诸峰拔立。正陆羽所云“茶上者生烂石中”者耶!

《草堂杂录》：武夷山有三味茶，苦酸甜也，别是一种，饮之味果屡变，相传能解酲消胀。然采制甚少，售者亦稀。

《随见录》：武夷茶，在山上者为岩茶，水边者为洲茶。岩茶为上，洲茶次之。岩茶，北山者为上，南山者次之。南北两山，又以所产之岩名为名，其最佳者，名曰工夫茶。工夫之上，又有小种，则以树名为名。每株不过数两，不可多得。洲茶名色，有莲子心、白毫、紫毫、龙须、凤尾、花香、兰香、清香、奥香、选芽、漳芽等类。

《广舆记》：泰宁茶出邵武府。

福宁州大姥山出茶，名绿雪芽。

《湖广通志》：武昌茶，出通山者上，崇阳蒲圻者次之。

《广舆记》：崇阳县龙泉山，周二百里。山有洞，好事者持炬而入，行数十步许，坦平如室，可容千百众，石渠流泉清冽，乡人号曰鲁溪。岩产茶，甚甘美。

《天下名胜志》：湖广江夏县洪山，旧名东山，《茶谱》云：鄂州东山出茶，黑色如韭，食之已头痛。

《武昌郡志》：茗山在蒲圻县北十五里，产茶。又大冶县亦有茗山。

《荆州土地记》：武陵七县道出茶，最好。

《岳阳风土记》：灉湖诸山旧出茶，谓之灉湖茶。李肇所谓"岳州灉湖之含膏"是也。唐人极重之，见于篇什。今人不甚种植，惟白鹤僧园有千余本。土地

明·仇英 清明上河图（局部）

颇类北苑，所出茶一岁不过一二十斤，土人谓之白鹤茶，味极甘香，非他处草茶可比并。茶园地色亦相类，但土人不甚植尔。

《通志》：长沙茶陵州，以地居茶山之阴，因名。昔炎帝葬于茶山之野。茶山即云阳山，其陵谷间多生茶茗故也。

长沙府出茶，名安化茶。辰州茶出溆浦。郴州亦出茶。

《类林新咏》：长沙之石楠叶，摘芽为茶，名栾茶，可治头风。湘人以四月四日摘杨桐草，捣其汁拌米而蒸，犹糕糜之类，必啜此茶，乃去风也。

《合璧事类》：谭郡之间有渠江，中出茶，而多毒蛇猛兽，乡人每年采撷不过十五六斤，其色如铁，而芳香异常，烹之无脚。

湘潭茶，味略似普洱，土人名曰芙蓉茶。

《茶事拾遗》：谭州有铁色，夷陵有压砖。

《通志》：靖州出茶油，蕲水有茶山，产茶。

《河南通志》：罗山茶，出河南汝宁府信阳州。

《桐柏山志》：瀑布山，一名紫凝山，产大叶茶。

《山东通志》：兖州府费县蒙山石巅，有花如茶，土人取而制之，其味清香，迥异他茶，贡茶之异品也。

《舆志》：蒙山一名东山，上有白云岩产茶，亦称蒙顶。[王草堂云：乃石上之苔为之，非茶类也。]

清·玳瑁镶银里盖碗

《广东通志》：广州、韶州、南雄、肇庆各府及罗定州，俱产茶。西樵山在郡城西一百二十里，峰峦七十有二，唐末诗人曹松，移植顾渚茶于此，居人遂以茶为生业。

韶州府曲江县曹溪茶，岁可三四采，其味清甘。

潮州大埔县、肇庆恩平县，俱有茶山。德庆州有茗山，钦州灵山县亦有茶山。

吴陈琰《旷园杂志》：端州白云山出云独奇，山故莳茶在绝壁，岁不过得一石许，价可至百金。

王草堂《杂录》：粤东珠江之南产茶，曰河南茶。潮阳有凤山茶，乐昌有毛茶，长乐有石茗，琼州有灵茶、乌药茶云。

《岭南杂记》：广南出苦橙茶，俗呼为苦丁，非茶也。茶大如掌，一片入壶，其味极苦，少则反有甘味，噙咽利咽喉之症，功并山豆根。

化州有琉璃茶，出琉璃庵。其产不多，香与峒岕相似。僧人奉客，不及一两。

罗浮有茶，产于山顶石上，剥之如蒙山之石茶，其香倍于广岕，不可多得。

《南越志》：龙川县出皋卢，味苦涩，南海谓之过卢。

《陕西通志》：汉中府兴安州等处产茶，如金州、石泉、汉阴、平利、西乡诸县各有茶园，他郡则无。

《四川通志》：四川产茶州县凡二十九处，成都府之资阳、安县、灌县、石泉、崇庆等；重庆府之南川、黔江、丰都、武隆、彭水等；夔州府之建始、开县等，及保宁府、遵义府、嘉定州、泸州、雅州、乌蒙等处。

紵魚鹽銅鐵丹漆茶蜜靈龜巨犀山雞白雉黃潤鮮
粉皆納貢之其果實之珍者樹有荔支蔓有辛蒟園
有芳蒻香茗給客橙葵其藥物之異者有巴戟天椒
竹木之璝者有桃支靈壽其名山有塗籍靈臺石書
邦山其民質直好義土風敦厚有先民之流故其詩
曰川崖惟平其稼多黍旨酒嘉穀可以養父野惟阜
丘彼稷多有嘉穀旨酒可以養母其祭祀之詩曰惟
月孟春獺祭彼崖永言孝思享祀孔嘉彼黍既潔彼
儀惟澤蒸命良辰祖考來格其好古樂道之詩曰日
月明明亦惟其名誰能長生不朽難獲又曰惟德實

《华阳国志·巴志》内页

东川茶有神泉、兽目，邛州茶曰火井。

《华阳国志》：涪陵无蚕桑，惟出茶、丹漆、蜜蜡。

《华夷花木考》：蒙顶茶受阳气全，故芳香。唐李德裕入蜀得蒙饼，以沃于汤瓶之上，移时尽化，乃验其真蒙顶。又有五花茶，其片作五出。

毛文锡《茶谱》：蜀州晋原、洞口、横原、珠江、青城，有横芽、雀舌、鸟觜、麦颗，盖取其嫩芽所造以形似之也。又有片甲、蝉翼之异。片甲者，早春黄芽，其叶相抱如片甲也；蝉翼者，其叶嫩薄如蝉翼也，皆散茶之最上者。

《东斋纪事》：蜀雅州蒙顶产茶，最佳。其生最晚，每至春夏之交始出，常有云雾覆其上，若有神物护持之。

《群芳谱》：峡州茶有小江园、碧涧寮、明月房、茱萸寮等。

陆平泉《茶寮纪事》：蜀雅州蒙顶上有火前茶，最好，谓禁火以前采者。后者谓之火后茶，有露芽、谷芽之名。

《述异记》：巴东有真香茗，其花白色如蔷薇，煎服令人不眠，能诵无忘。

《广舆记》：峨眉山茶，其味初苦而终甘。又泸州茶可疗风疾。又有一种乌茶，出天全六番讨使司境内。

茶园风光

王新城《陇蜀余闻》：蒙山在名山县西十五里，有五峰，最高者曰上清峰。其巅一石大如数间屋，有茶七株，生石下，无缝罅，云是甘露大师手植。每茶时叶生，智炬寺僧辄报有司往视。籍记其叶之多少，采制才得数钱许。明时贡京师仅一钱有奇。环石别有数十株，曰陪茶，则供藩府诸司之用而已。其旁有泉，恒用石覆之，味精妙，在惠泉之上。

《云南记》：名山县出茶，有山曰蒙山，联延数十里，在西南。按《拾遗志》《尚书》所谓“蔡蒙旅平”者，蒙山也，在雅州。凡蜀茶尽在此。

《云南通志》：“茶山在元江府城西北普洱界。太华山在云南府西，产茶色似松萝，名曰太华茶。”“普洱茶出元江府普洱山，性温味香。儿茶出永昌府，俱作团。又感通茶出大理府点苍山感通寺。”

《续博物志》：威远州即唐南诏银生府之地，诸山出茶，收采无时，杂椒姜烹而饮之。

《广舆记》：云南广西府出茶。又湾甸州出茶，其境内孟通山所产，亦类阳羡茶，谷雨前采者香。

曲靖府出茶，子丛生，单叶，子可作油。

许鹤沙《滇行纪程》：滇中阳山茶，绝类松萝。

《天中记》：容州黄家洞出竹茶，其叶如嫩竹，土人采以作饮，甚甘美。[广西容县，唐容州。]

《贵州通志》：贵阳府产茶，出龙里东苗坡及阳宝山，土人制之无法，味不佳。近亦有采芽以造者，稍可供啜。咸宁府茶出平远，产岩间，以法制之，味亦佳。

《地图综要》：贵州新添军民卫产茶，平越军民卫亦出茶。

《研北杂志》：交趾出茶，如绿苔，味辛烈，名曰登。北人重译，名茶曰钗。

九、茶之略

茶事著述名目

《茶经》三卷，唐太子文学陆羽撰。

《茶记》三卷，前人，见《国史·经籍志》。

《顾渚山记》二卷，前人。

《煎茶水记》一卷，江州刺史张又新撰。

《采茶录》三卷，温庭筠撰。

《补茶事》，太原温从云、武威段碣之。

《茶诀》三卷，释皎然撰。

《茶述》，裴汶。

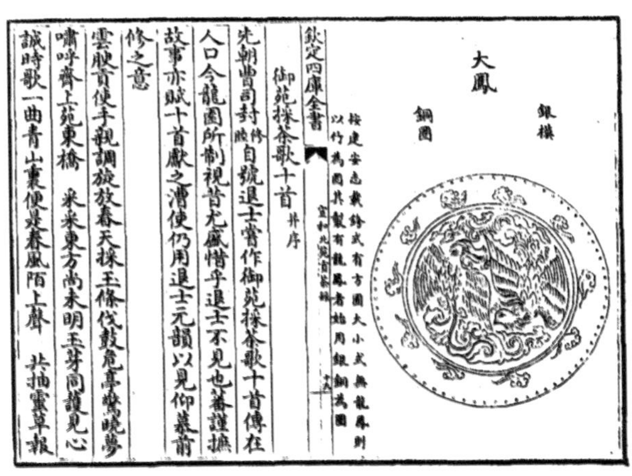

大鳳

銀模

銅圈

按建安志載銙式有方圓大小或無龍鳳則以竹爲圈共製有龍鳳者始用銀銅爲圈

欽定四庫全書

宣和北苑貢茶錄

御苑採茶歌十首 并序

先朝曹司封修睦自號退士嘗作御苑採茶歌十首傳在人口今龍園所制視昔尤盛惜乎退士不見也蕃謹摭故事亦賦十首獻之漕使仍用退士元韻以見仰慕前修之意

雲腴貢使手親調旋放春天採玉條伐鼓危亭驚曉夢嘯呼齊上苑東橋　采采東方尚未明玉芽同護見心誠時歌一曲青山裏便是春風陌上聲　共抽靈草報

《宣和北苑贡茶录》内页书影

《茶谱》一卷，伪蜀毛文锡。

《大观茶论》二十篇，宋徽宗撰。

《建安茶录》三卷，丁谓撰。

《试茶录》二卷，蔡襄撰。

《进茶录》一卷，前人。

《品茶要录》一卷，建安黄儒撰。

《建安茶记》一卷，吕惠卿撰。

《北苑拾遗》一卷，刘异撰。

《北苑煎茶法》，前人。

《东溪试茶录》，宋子安集，一作朱子安。

《补茶经》一卷，周绛撰。又一卷，前人。

《北苑总录》十二卷，曾伉录。

《茶山节对》一卷，摄衢州长史蔡宗颜撰。

《茶谱遗事》一卷，前人。

《宣和北苑贡茶录》，建阳熊蕃撰。

《宋朝茶法》，沈括。

《茶论》，前人。

《北苑别录》一卷，赵汝砺撰。

《北苑别录》，无名氏。

《造茶杂录》，张文规。

《茶杂文》一卷，集古今诗及茶者。

《壑源茶录》一卷，章炳文。

《北苑别录》，熊克。
《龙焙美成茶录》，范逵。
《茶法易览》十卷，沈立。
《建茶论》，罗大经。
《煮茶泉品》，叶清臣。
《十友谱·茶谱》，失名。
《品茶》一篇，陆鲁山。
《续茶谱》，桑庄茹芝。
《茶录》，张源。
《煎茶七类》，徐渭。
《茶寮记》，陆树声。
《茶谱》，顾元庆。
《茶具图》一卷，前人。
《茗笈》，屠本畯。
《茶录》，冯时可。
《岕山茶记》，熊明遇。
《茶疏》，许次纾。
《八笺·茶谱》，高濂。
《煮泉小品》，田艺蘅。
《茶笺》，屠隆。
《岕茶笺》，冯可宾。
《峒山茶系》，周高起伯高。

明·陈洪绶 高贤读书图

《水品》，徐献忠。

《竹嬾茶衡》，李日华。

《茶解》，罗廪。

《松寮茗政》，卜万祺。

《茶谱》，钱友兰翁。

《茶集》一卷，胡文焕。

《茶记》，吕仲吉。

《茶笺》，闻龙。

《岕茶别论》，周庆叔。

《茶董》，夏茂卿。

《茶说》，邢士襄。

《茶史》，赵长白。

《茶说》，吴从先。

《武夷茶说》，袁仲儒。

《茶谱》，朱硕儒。[见《黄舆坚集》]

《岕茶汇钞》，冒襄。

《茶考》，徐㶿。

《群芳谱·茶谱》，王象晋。

《佩文斋广群芳谱·茶谱》。

茶史卷二

八十老人劉源長介祉著

男謙吉輯

品水

陶學士教謂湯者茶之司命水為急務

茶者水之神水者茶之體非真水莫顯其神非精茶

曷窺其體

禮記水曰清滌

文子曰水之性清沙石穢之

蔡君謨曰水泉不甘能損茶味

序

予嘗從事茗政品題有各著述家其著為茶經者

茶之原之法之具始唯吾宗鴻漸鴻漸之前未有

聞也至於今人人能知茶經能言茶之原之法之

具矣考諸傳紀鴻漸之生固奇爾諸水濱既不可

得乃自得之於策稱竟陵子又號桑苧翁嘗行曠

野誦詩擊木徘徊不得意則慟哭而返録今思之

豈徒聽松風候蟹眼擇定州花瓷以終老者夫固

有宇宙莫容流俗難伍之意憾戒無從於時是以

《茶史》书影

诗文名目

杜毓《荈赋》

顾况《茶赋》

吴淑《茶赋》

李文简《茗赋》

梅尧臣《南有嘉茗赋》

黄庭坚《煎茶赋》

程宣子《茶铭》

曹晖《茶铭》

苏廙《仙芽传》

汤悦《森伯传》

苏轼《叶嘉传》

支廷训《汤蕴之传》

徐岩泉《六安州茶居士传》

吕温《三月三日茶宴序》

熊禾《北苑茶焙记》

赵孟熧《武夷山茶场记》

暗都剌《喊山台记》

文德翼《庐山免给茶引记》

茅一相《茶谱序》

清虚子《茶论》

何恭《茶议》

汪可立《茶经后序》

吴旦《茶经跋》

童承叙《论茶经书》

赵观《煮泉小品序》

诗文摘句

《合璧事类·龙溪除起宗制》有云：必能为我讲摘山之制，得充厩之良。

胡文恭《行孙谘制》有云：领算商车，典领茗轴。

唐武元衡有《谢赐新火及新茶表》。刘禹锡、柳宗元有《代武中丞谢赐新茶表》。

韩翃《为田神玉谢赐茶表》，有“味足蠲邪，助其正直；香堪愈疾，沃以勤劳。吴主礼贤，方闻置茗；晋臣爱客，才有分茶”之句。

《宋史》：李稷重秋叶、黄花之禁。

宋《通商茶法诏》，乃欧阳修笔。《代福建提举茶事谢上表》，乃洪迈笔。

谢宗《谢茶启》：比丹丘之仙芽，胜乌程之御荈。不止味同露液，白况霜华。岂可为酪苍头，便

柳宗元像

应代酒从事。

《茶榜》：雀舌初调，玉碗分时茶思健；龙团捶碎，金渠碾处睡魔降。

刘言史《与孟郊洛北野泉上煎茶》，有诗。

僧皎然寻陆羽不遇，有诗。

白居易有《睡后茶兴忆杨同州》诗。

皇甫曾有《送陆羽采茶》诗。

刘禹锡《石园兰若试茶歌》有云：欲知花乳清冷味，须是眠云跂石人。

郑谷《峡中尝茶》诗：入座半瓯轻泛绿，开缄数片浅含黄。

杜牧《茶山》诗：山实东南秀，茶称瑞草魁。

施肩吾诗：茶为涤烦子，酒为忘忧君。

秦韬玉有《采茶歌》。

颜真卿有《月夜啜茶联句》诗。

司空图诗：碾尽明昌几角茶。

李群玉诗：客有衡山隐，遗余石廪茶。

李郢《酬友人春暮寄枳花茶》诗。

蔡襄有《北苑茶垄采茶、造茶、试茶诗》五首。

《朱熹集·香茶供养黄檗长老悟公塔》，有诗。

文公《茶坂》诗：携籯北岭西，采叶供茗饮。一啜夜窗寒，跏趺谢衾枕。

苏轼有《和钱安道寄惠建茶》诗。

《坡仙食饮录》：有《问大冶长老乞桃花茶栽》诗。

《韩驹集·谢人送凤团茶》诗：白发前朝旧史官，风炉煮茗暮江寒；苍龙不复从天下，拭泪看君小凤团。

苏辙有《咏茶花诗》二首，有云：细嚼花须味亦长，新芽一粟叶间藏。

孔平仲《梦锡惠墨，答以蜀茶》，有诗。

东坡先生像

岳珂《茶花盛放满山》诗，有“洁躬淡薄隐君子，苦口森严大丈夫”之句。

《赵抃集·次谢许少卿寄卧龙山茶》诗，有“越芽远寄入都时，酬唱争夸互见诗”之句。

文彦博诗：旧谱最称蒙顶味，露芽云液胜醍醐。

张文规诗：“明月峡中茶始生。”明月峡与顾渚联属，茶生其间者，尤为绝品。

孙觌有《饮修仁茶》诗。

韦处厚《茶岭》诗：顾渚吴霜绝，蒙山蜀信稀。千丛因此始，含露紫茸肥。

《周必大集·胡邦衡生日以诗送北苑八銙日注二瓶》：贺客称觞满冠霞，悬知酒渴正思茶。尚书八饼分闽焙，主簿双瓶拣越芽。又有《次韵王少府送焦坑茶》诗。

陆放翁诗：寒泉自换菖蒲水，活火闲煎橄榄茶。又《村舍杂书》：东山石上茶，鹰爪初脱鞲。雪落红丝硙，香动银毫瓯。爽如闻至言，余味终日留。不知叶家白，亦复有此否。

刘诜诗：鹦鹉茶香堪供客，荼蘼酒熟足娱亲。

王禹偁《茶园》诗：茂育知天意，甄收荷主恩。沃心同直谏，苦口类嘉言。

《梅尧臣集·宋著作寄凤茶》诗：团为苍玉璧，隐起双飞凤。独应近日颁，岂得常寮共。又《李求仲寄建溪洪井茶七品》云：忽有西山使，始遗七品茶。末品无水晕，六品无沉楂。五品散云脚，四品浮粟花。三品若琼乳，二品罕所加。绝品不可议，甘香焉等差。又《答宣城梅主簿遗鸦山茶》诗云：昔观唐人诗，茶咏鸦山嘉。鸦衔茶子生，遂同山名鸦。又有《七宝茶》诗云：七物甘香杂蕊茶，浮花泛绿乱于霞。啜之始觉君恩重，休作寻常一等夸。又《吴正仲饷新茶》《沙门颖公遗碧霄峰茗》，俱有吟咏。

戴复古《谢史石窗送酒并茶》诗曰：遗来二物应时须，客子行厨用有余。午困政需茶料理，春愁全仗酒消除。

费氏《宫词》：近被宫中知了事，每来随驾使煎茶。

杨廷秀有《谢木舍人送讲筵茶》诗。

叶适有《寄谢王文叔送真日铸茶》诗云：谁知真苦涩，黯淡发奇光。

杜本《武夷茶》诗云：春从天上来，嘘咈通寰海。纳纳此中藏，万斛珠蓓蕾。

刘秉忠《尝云芝茶》诗云：铁色皱皮带老霜，含英咀美入诗肠。

高启有《月团茶歌》，又有《茶轩》诗。

杨慎有《和章水部沙坪茶歌》，沙坪茶出玉垒关外，实唐山。

董其昌《赠煎茶僧》诗：怪石与枯槎，相将度岁华。凤团虽贮好，只吃赵州茶。

娄坚有《花朝醉后为女郎题品泉图》诗。

程嘉燧有《虎丘僧房夏夜试茶歌》。

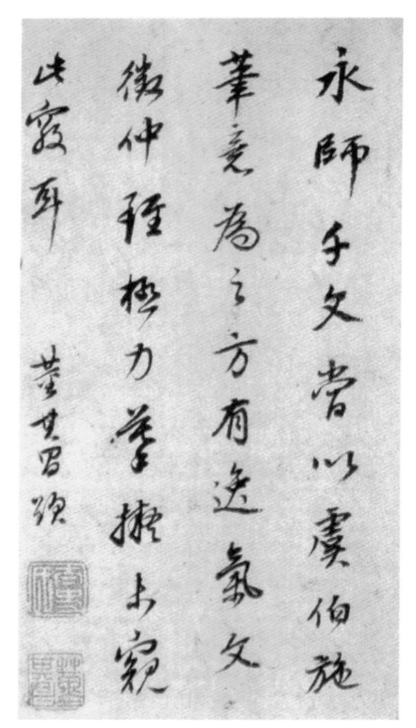

董其昌书法

《南宋杂事诗》云：六一泉

烹双井茶。

朱隗《虎丘竹枝词》：官封茶地雨前开，皂隶衙官搅似雷。近日正堂偏体贴，监茶不遣掾曹来。

绵津山人《漫堂咏物》有《大食索耳茶杯》云诗：粤香泛永夜，诗思来悠然。[武夷有粤香茶。]

薛熙《依归集》有《朱新庵今茶谱序》。

十、茶之图

历代图画名目

唐张萱有《烹茶仕女图》，见《宣和画谱》。

唐周昉寓意丹青，驰誉当代，宣和御府所藏有《烹茶图》一。

五代陆滉《烹茶图》一，宋中兴馆阁储藏。

宋周文矩有《火龙烹茶图》四，《煎茶图》一。

宋李龙眠有《虎阜采茶图》，见题跋。

宋刘松年绢画《卢仝煮茶图》一卷，有元人跋十余家。范司理龙石藏。

王齐翰有《陆羽煎茶图》，见王世懋《澹园画品》。

董逌《陆羽点茶图》，有跋。

元钱舜举画《陶学士雪夜煮茶图》，在焦山道士郭第处，见詹景凤《东冈玄览》。

史石窗名文卿，有《煮茶图》，袁桷作《煮茶图诗序》。

冯璧有《东坡海南烹茶图并诗》。

严氏《书画记》，有杜柽居《茶经图》。

明·陆治 桐荫高士图轴

汪珂玉《珊瑚网》，载《卢仝烹茶图》。

明文徵明有《烹茶图》。

沈石田有《醉茗图》，题云：酒边风月与谁同，阳羡春雷醉耳聋。七碗便堪酬酩酊，任渠高枕梦周公。

沈石田有《为吴匏庵写虎丘对茶坐雨图》。

《渊鉴斋书画谱》，陆包山治有《烹茶图》。

（补）元赵松雪有《宫女啜茗图》，见《渔洋诗话·刘孔和诗》。

茶具十二图

韦鸿胪

赞曰：祝融司夏，万物焦烁，火炎昆冈，玉石俱焚，尔无与焉。乃若不使山谷之英堕于涂炭，子与有力矣。上卿之号，颇著微称。

木待制

上应列宿，万民以济，禀性刚直，摧折强梗，使随方逐圆之徒，不能保其身，善则善矣。然非佐以法曹，资之枢密，亦莫能成厥功。

金法曹

柔亦不茹，刚亦不吐，圆机运用，一皆有法，使强梗者不得殊轨乱辙，岂不韪与！

韦鸿胪

木待制

金法曹

石转运

抱坚质，怀直心，啖嚅英华，周行不怠。斡摘山之利，操漕权之重。循环自常，不舍正而适他，虽没齿无怨言。

胡员外

周旋中规而不逾其间，动静有常而性苦其卓，郁结之患悉能破之。虽中无所有，而外能研究，其精微不足以望圆机之士。

罗枢密

机事不密则害成。今高者抑之，下者扬之，使精粗

石转运

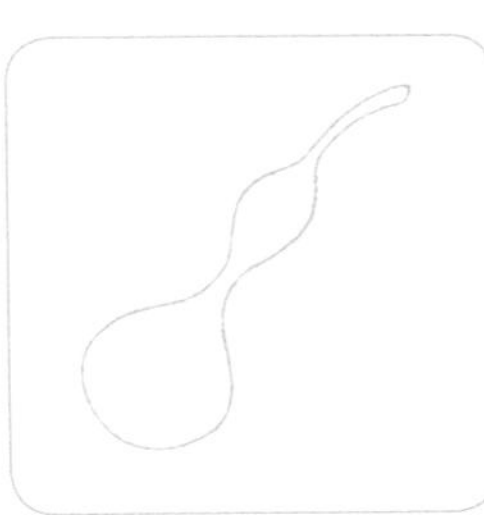
胡员外

罗枢密

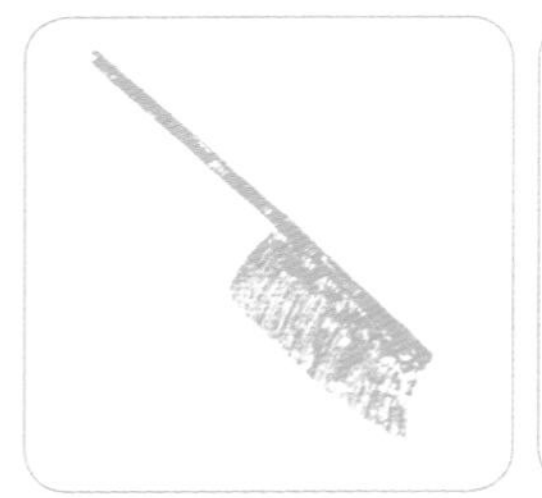

宗从事

漆雕秘阁

陶宝文

不致于混淆，人其难诸。奈何矜细行而事喧哗，惜之。

宗从事

孔门高弟，当洒扫应对事之末者，亦所不弃。又况能萃其既散，拾其已遗，运寸毫而使边尘不飞，功亦善哉。

漆雕秘阁

危而不持，颠而不扶，则吾斯之未能信。以其弭执热之患，无坳堂之覆，故宜辅以宝文而亲近君子。

陶宝文

出河滨而无苦窳，经纬之象，刚柔之理，炳其弸中。虚己待物，不饰外貌，休高秘阁，宜无愧焉。

汤提点

养浩然之气，发沸腾之声，以执中之能，辅成汤之德，斟酌宾主间，功迈仲叔圉。然未免外烁之忧，复有内热之患，奈何？

汤提点

竺副帅

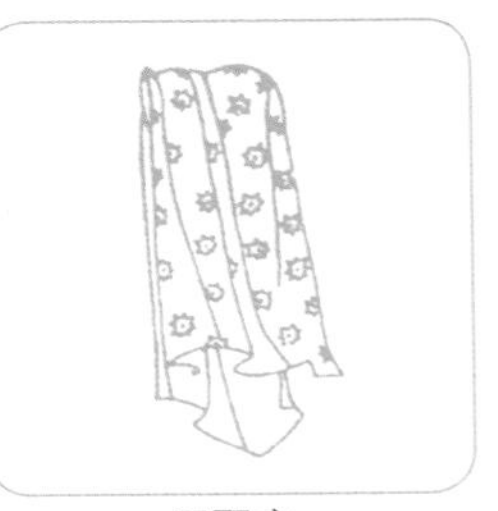
司职方

竺副帅

首阳饿夫，毅谏于兵沸之时，方今鼎扬汤能探其沸者几希。子之清节，独以身试，非临难不顾者，畴见尔。

司职方

互乡童子，圣人犹与其进。况端方质素，经纬有理，终身涅而不缁者，此孔子所以与洁也。

竹炉并分封茶具六事

苦节君

铭曰：肖形天地，匪冶匪陶。心存活火，声带湘涛。一滴甘露，涤我诗肠。清风两腋，洞然八荒。

苦节君行省

茶具六事，分封悉贮于此，侍从苦节君于泉石山斋亭馆间执事者，故以行省名之。陆鸿渐所谓都篮者，此其是与？

苦节君

苦节君行省

建城

建城

茶宜密裹，故以箬笼盛之，今称建城。按《茶录》云：“建安民间以茶为尚。”故据地以城封之。

云屯

泉汲于云根，取其洁也。今名云屯，盖云即泉也，贮得其所，虽与列职诸君同事，而独屯于斯，岂不清高绝俗而自贵哉？

乌府

炭之为物，貌玄性刚，遇火则威灵气焰，赫然可畏，苦节君得此甚利于用也。况其别号乌银，故特表章其所藏之具曰乌府，不亦宜哉。

水曹

茶之真味，蕴诸旗枪之中，必浣之以水而后发也。凡器物用事之余，未免残沥微垢，皆赖水沃盥，因名其器曰水曹。

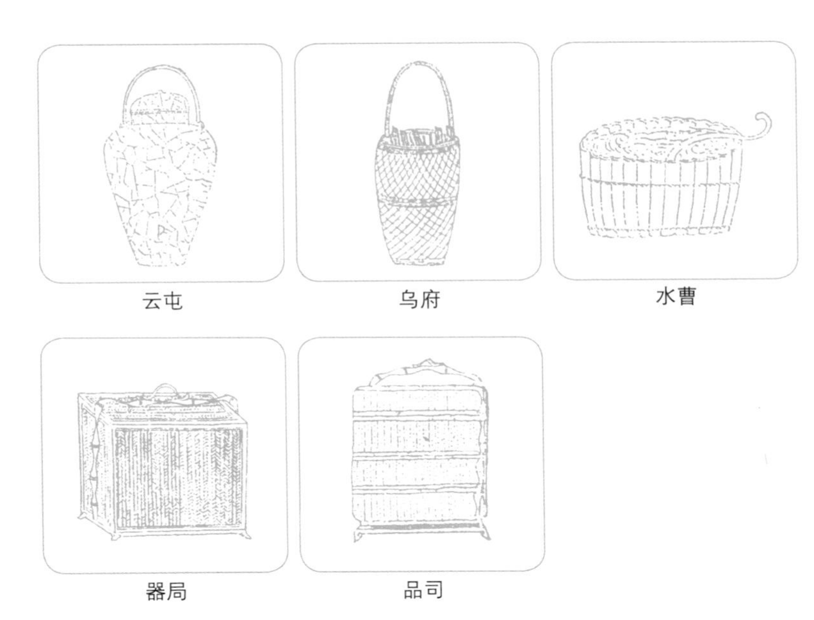

器局

一应茶具，收贮于器局。供役苦节君者，故立名管之。

品司

茶欲啜时，入以笋、榄、瓜、仁、芹、蒿之属，则清而且佳，因命湘君，设司检束。

罗先登续文房图赞

玉川先生

毓秀蒙顶，蜚英玉川，搜搅胸中，书传五千。儒素家风，清淡滋味，君子之交，其淡如水。

明・丁云鹏　煮茶图轴